全彩
印刷

电脑组装与硬件维修入门与提高

 龙马高新教育 编著

U0313515

人民邮电出版社

北　京

图书在版编目（CIP）数据

电脑组装与硬件维修入门与提高 / 龙马高新教育编
著. -- 北京 ：人民邮电出版社，2017.5（2019.1重印）
ISBN 978-7-115-44870-5

Ⅰ. ①电… Ⅱ. ①龙… Ⅲ. ①电子计算机－组装②硬
件－维修 Ⅳ. ①TP30

中国版本图书馆CIP数据核字(2017)第026568号

内 容 提 要

本书通过精选案例引导读者深入学习，系统地介绍了电脑组装与硬件维修的相关知识和实战技巧。

全书共 11 章。第 1 章主要介绍电脑组装的基础知识；第 2～4 章主要介绍电脑硬件的相关知识，包括电脑硬件的选购、电脑硬件组装实战、BIOS 设置与硬盘分区等；第 5～7 章主要介绍电脑系统的相关知识，包括操作系统与设备驱动的安装、电脑系统的优化、电脑系统的备份、电脑系统的还原与重装等；第 8～10 章通过实战案例，介绍电脑硬件维修的具体方法；第 11 章主要介绍电脑组装与硬件维修的实战秘技，包括数据的备份与还原、恢复误删的数据、使用 U 盘安装系统等。

本书附赠的 DVD 多媒体教学光盘中，包含了与图书内容同步的教学录像。此外，还赠送了大量相关学习内容的教学录像及扩展学习电子书。

本书不仅适合电脑组装与硬件维修的初、中级用户学习使用，也可以作为各类院校相关专业学生和计算机培训班学员的教材或辅导用书。

◆ 编　著　龙马高新教育
　　责任编辑　张　翼
　　责任印制　彭志环

◆ 人民邮电出版社出版发行　　北京市丰台区成寿寺路 11 号
　　邮编　100164　　电子邮件　315@ptpress.com.cn
　　网址　http://www.ptpress.com.cn
　　北京虎彩文化传播有限公司印刷

◆ 开本：720×960　1/16
　　印张：15
　　字数：351 千字　　　　　　　　　　　2017 年 5 月第 1 版
　　印数：3 301 – 4 100 册　　　　　　　2019 年 1 月北京第 3 次印刷

定价：49.80 元(附光盘)

读者服务热线：(010)81055410　印装质量热线：(010)81055316
反盗版热线：(010)81055315
广告经营许可证：京东工商广登字 20170147 号

随着信息化的不断普及，计算机已经成为人们工作、学习和日常生活中不可或缺的工具，而计算机的操作水平也成为衡量一个人综合素质的重要标准之一。为满足广大读者的实际应用需要，我们针对不同学习对象的接受能力，总结了多位计算机高手、国家重点学科教授及计算机教育专家的经验，精心编写了这套"入门与提高"系列图书。

写作特色

从零开始，循序渐进

无论读者是否从事计算机相关行业的工作，是否组装过电脑，是否维修过电脑硬件，都能从本书中找到最佳的学习起点，循序渐进地完成学习过程。

紧贴实际，案例教学

全书内容均以实例为主线，在此基础上适当扩展知识点，真正实现学以致用。

全彩排版，图文并茂

全彩排版既美观大方又能够突出重点、难点。所有实例的每一步操作，均配有对应的插图和注释，以便读者在学习过程中能够直观、清晰地看到操作过程和效果，提高学习效率。

单双混排，超大容量

本书采用单、双栏混排的形式，大大扩充了信息容量，从而在有限的篇幅中为读者奉送了更多的知识和实战案例。

独家秘技，扩展学习

本书在每章的最后，以"高手私房菜"的形式为读者提炼了各种高级操作技巧，为知识点的扩展应用提供了思路。

书盘结合，互动教学

本书配套的多媒体教学光盘内容与书中知识紧密结合并互相补充。在多媒体光盘中，我们仿真工作、生活中的真实场景，通过互动教学帮助读者体验实际应用环境，从而全面理解知识点的运用方法。

光盘特点

9小时全程同步教学录像

光盘涵盖本书所有知识点的同步教学录像，详细讲解每个实战案例的操作过程及关键步骤，帮助读者更轻松地掌握书中所有的知识内容和操作技巧。

超值学习资源大放送

除了与图书内容同步的教学录像外，光盘中还赠送了大量相关学习内容的教学录像、扩展学习电子书及本书案例的配套素材和结果文件等，以方便读者扩展学习。

配套光盘运行方法

（1）将光盘放入光驱中，几秒钟后系统会弹出【自动播放】对话框。

（2）单击【打开文件夹以查看文件】链接打开光盘文件夹，用鼠标右键单击光盘文件夹中的MyBook.exe文件，并在弹出的快捷菜单中选择【以管理员身份运行】菜单项，打开【用户账户控制】对话框，单击【是】按钮，光盘即可自动播放。

（3）光盘运行后会首先播放片头动画，之后进入光盘的主界面。其中包括【课堂再现】、【龙马高新教育 APP 下载】、【支持网站】3 个学习通道，和【赠送资源】、【帮助文件】、【退出光盘】3 个功能按钮。

（4）单击【课堂再现】按钮，进入多媒体同步教学录像界面。在左侧的章号按钮上单击鼠标左键，在弹出的快捷菜单上单击要播放的节名，即可开始播放相应的教学录像。

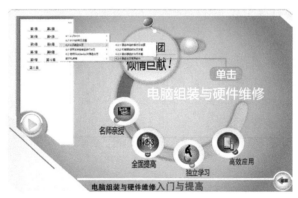

（5）单击【龙马高新教育 APP 下载】按钮，在打开的文件夹中包含有龙马高新教育 APP 的安装程序，可以使用 360 手机助手、应用宝等将程序安装到手机中，也可以将安装程序传输到手机中进行安装。

（6）单击【支持网站】按钮，用户可以访问龙马高新教育的支持网站，在网站中进行交流学习。

（7）单击【赠送资源】按钮可以查看随本书赠送的资源。

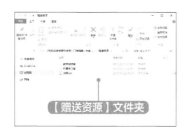

（8）单击【帮助文件】按钮，可以打开"光盘使用说明.pdf"文档，该说明文档详细介绍了光盘在计算机上的运行环境和运行方法。

（9）单击【退出光盘】按钮，即可退出本光盘系统。

龙马高新教育 APP 使用说明

（1）下载、安装并打开龙马高新教育 APP，可以直接使用手机号码注册并登录。在【个人信息】界面，用户可以订阅图书类型、查看问题及添加的收藏、与好友交流、管理离线缓存、反馈意见并更新应用等。

（2）在首页界面单击顶部的【全部图书】按钮，在弹出的下拉列表中可查看订阅的图书类型，单击搜索按钮可以搜索图书。

（3）进入图书详细页面，单击要学习的内容即可播放视频。此外，还可以发表评论、收藏图书并离线下载视频文件等。

（4）首页底部包含4个栏目。在【图书】栏目中可以显示并选择图书，在【问同学】栏目中可以与同学讨论问题，在【问专家】栏目中可以向专家咨询，在【晒作品】栏目中可以分享自己的作品。

 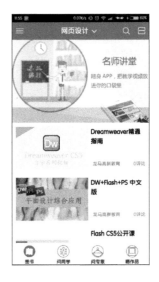

创作团队

本书由龙马高新教育策划，孔长征任主编，李震、赵源源任副主编。参与本书编写、资料整理、多媒体开发及程序调试的人员有孔万里、周奎奎、张任、张田田、尚梦娟、李彩红、尹宗都、王果、陈小杰、左琨、邓艳丽、崔姝怡、侯蕾、左花苹、刘锦源、普宁、王常吉、师鸣若、钟宏伟、陈川、刘子威、徐永俊、朱涛和张允等。

在本书的编写过程中，我们竭尽所能地将最好的内容呈现给读者，但也难免有疏漏和不妥之处，敬请广大读者不吝指正。读者在学习过程中如有任何疑问或建议，可发送电子邮件至zhangyi@ptpress.com.cn。

编者

目录 CONTENTS

第 3 章　电脑硬件组装实战

本章视频教学时间
22 分钟

第 4 章　BIOS设置与硬盘分区

本章视频教学时间
37 分钟

第 5 章　操作系统与设备驱动的安装

本章视频教学时间
30 分钟

目录 CONTENTS

第 6 章　电脑系统的优化

本章视频教学时间
28 分钟

第 7 章　电脑系统的备份、还原与重装

本章视频教学时间
21 分钟

第 8 章 网络的连接与维护

本章视频教学时间
47 分钟

第 9 章 电脑使用故障处理

本章视频教学时间
46 分钟

第 10 章　常见硬件故障的诊断与维修

本章视频教学时间　44 分钟

第 11 章　实战秘技

本章视频教学时间
29 分钟

 DVD 光盘赠送资源

扩展学习库

- Windows 蓝屏代码含义速查表
- 常用五笔编码查询手册
- 电脑使用技巧电子书
- 电脑维护与故障处理技巧查询手册
- 网络搜索与下载技巧手册

教学视频库

- 15 小时 Photoshop CC 教学录像
- 15 小时系统安装、重装、备份与还原教学录像
- Windows 7 操作系统安装录像
- Windows 8.1 操作系统安装录像
- 电脑系统一键备份与还原教学录像

第 1 章
电脑组装基础

在学习电脑组装之前，首先需要对电脑硬件、软件的基础内容有所了解。本章主要介绍了电脑的分类、硬件、外部设备、电脑软件等电脑组装基础知识。

1.1 电脑的分类

本节视频教学时间 / 9分钟

随着电脑的更新换代，其类型也五花八门，有了更多的种类，市面上最为常见的有台式机、笔记本、平板电脑、智能手机等，此外智能家居、智能穿戴设备也一跃成为了当下热点。本节就介绍不同种类的电脑及其特点。

1.1.1 台式机

台式机也称为桌面计算机，是最为常见的电脑，其特点是体积大，较为笨重，一般需要放置在电脑桌或专门的工作台上，主要用于比较稳定的场合，如公司与家庭。

目前台式机主要分为分体式台式机和一体机。分体式台式机是产生最早的传统机型，显示屏和主机分离，占位空间大，通风条件好，与一体机相比，用户群更广。如下图就是一款分体式台式机展示图。

一体机是将主机、显示器等集成到一起，与传统台式机相比，其结合了台式机和笔记本的优点，具有连线少、体积小、设计时尚的特点，吸引了无数用户的眼球，成为一种新的产品形态。

当然，除了分体式台式机和一体机外，迷你PC产品逐渐进入市场，成为时下热门。虽然迷你PC产品体积小，有的甚至与U盘一般大小，却搭载着处理器、内存、硬盘等，并配有操作系统，可以插入电视机、显示器或者投影仪等，使之成为一个电脑，用户还可以使用蓝牙鼠标、键盘连接操作。如下图就是一款英特尔推出的一体式迷你电脑棒。

一体式迷你电脑棒

1.1.2 笔记本电脑

笔记本电脑（NoteBook Computer，简称为NoteBook），又称为笔记型、手提或膝上电脑（Laptop Computer，简称为Laptop），是一种方便携带的小型个人电脑。笔记本与台式机有着类似的结构组成，包括显示器、键盘/鼠标、CPU、内存和硬盘等。笔记本电脑主要优点有体积小、重量轻、携带方便，所以便携性是笔记本电脑相对于台式机电脑最大的优势。

笔记本电脑

（1）便携性比较

与笨重的台式电脑相比，笔记本电脑小巧便携，且消耗的电能和产生的噪音都比较少。

（2）性能比较

相对于同等价格的台式电脑，笔记本电脑的运行速度通常会稍慢一点，对图像和声音的处理能力也比台式电脑稍逊一筹。

（3）价格比较

对于同等性能的笔记本电脑和台式电脑来说，笔记本电脑由于对各种组件的搭配要求更高，其价格也相应较高。但是，随着现代工艺和技术的进步，笔记本电脑和台式电脑之间的价格差距正在缩小。

1.1.3 平板电脑

平板电脑是PC家族新增加的一名成员。其外观和笔记本电脑相似，是一种小型、携带方便的个人电脑。集移动商务、移动通信和移动娱乐为一体是平板电脑的最重要的特点，其与笔记本电脑一样，体积小而轻，可以随时转移使用场所，比台式机具有更强的移动灵活性。

　　最为典型的平板电脑是苹果iPad，它的产生，在全世界掀起了平板电脑的热潮。如今，平板电脑种类、样式、功能更多，可谓百花齐放，有支持打电话的、有带全键盘滑盖的、有支持电磁笔双触控的，另外根据应用领域划分，有商务型、学生型、工业型等。

平板电脑

1.1.4　智能手机

　　智能手机已基本替代了传统的、功能单一的手持电话，它可以像个人电脑一样，拥有独立的操作系统、运行和存储空间。除了具有手机的通话功能外，还具备掌上电脑（PDA）的功能。

　　智能手机以通信为核心，与平板电脑相比，尺寸小，便携性强，可以放入口袋中，随身携带，从广义上说，是使用人群最多的个人电脑。

智能手机

1.1.5　可穿戴电脑与智能家居

　　从表面上看，可穿戴电脑与智能家居和电脑有些风马牛不相及的感觉，但它们却属于电脑的范畴，可以像电脑一样智能。下面就简单介绍下可穿戴设备与智能家居。

1. 可穿戴电脑

　　可穿戴电脑，通常称为可穿戴计算设备，指可穿戴于身上出外进行活动的微型电子设备，它由轻巧的装置构成，更具有便携性，满足可佩戴的形态、具备独立的计算能力及拥有专用的应用程序程序和功能的设备，它可以完美地将电脑和穿戴设备结合，如眼镜、手表、项链，给用户提供全新的人机交互方式和用户体验等。

随着PC互联网向移动互联网过渡，相信可穿戴计算设备也会以更多的产品形态和更好的用户体验，逐渐实现大众化。

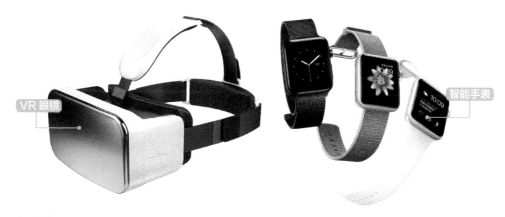

2. 智能家居

智能家居相对于可穿戴电脑，则提供了一个无缝的环境，以住宅为平台，利用综合布线技术、网络通信技术、安全防范技术、自动控制技术、音视频技术进行家居生活有关的设施集成，构建高效的住宅设施与家庭日程事务的管理系统，提升家居安全性、便利性、舒适性、艺术性，并实现环保节能的居住环境。

传统家电、家居设备、房屋建筑等都成为智能家居的发展方向，尤其是物联网的快速发展和互联网+的提出，使更多的家电和家居设备成为连接物联网的终端和载体。如今，我们可以明显发现，我国的智能电视市场已经基本完成市场布局，逐渐替代和淘汰传统电视，而传统电视在市场上基本无迹可寻。

智能家居给用户实现了更好的场景，如电灯可以根据光线、用户位置或用户需求，自动打开或关闭、自动调整灯光颜色；电视可以感知用户的观看状态，是否关闭等；手机可以控制插座、定时开关、充电保护等。

1.2 电脑的硬件组成

硬件是指组成电脑系统中看得见的各种物理部件，是实实在在的、用手摸得着的器件，主要包括CPU、主板、内存、硬盘、电源、显卡、声卡、网卡、光驱、机箱、键盘、鼠标等，本节主要介绍这些硬件的基本知识。

1.2.1 CPU

CPU也叫中央处理器，是一台电脑的运算核心和控制核心，作用和大脑相似，因为它负责处理、运算电脑内部的所有数据；而主板芯片组则更像是心脏，它控制着数据的交换。CPU的种类决定了所使用的操作系统和相应的软件，CPU的型号往往决定了一台电脑的档次。

目前市场上较为主流的是双核心和四核心CPU，也不乏更高性能的六核心和八核心CPU，而这些产品主要由Intel（英特尔）和AMD（超微）两大CPU品牌构成。

1.2.2 内存

内存储器（简称内存，也称主存储器）用于存放电脑运行所需的程序和数据。内存的容量与性能是决定电脑整体性能的一个决定性因素。内存的大小及其时钟频率（内存在单位时间内处理指令的次数，单位是MHz）直接影响到电脑运行速度的快慢，即使CPU主频很高，硬盘容量很大，但如果内存很小，电脑的运行速度也快不了。

下图为一款容量为8GB的金士顿DDR4 2133内存。

1.2.3 硬盘

硬盘是电脑最重要的外部存储器之一，由一个或多个铝制或者玻璃制的碟片组成。这些碟片外覆盖有铁磁性材料。绝大多数硬盘都是固定硬盘，被永久性地密封固定在硬盘驱动器中。由于硬盘的盘片和硬盘的驱动器是密封在一起的，所以通常所说的硬盘或硬盘驱动器其实是一回事。

硬盘有固态硬盘（SSD）、机械硬盘（HDD）、混合硬盘（基于传统机械硬盘诞生出来的新硬盘）；SSD采用闪存颗粒来存储，HDD采用磁性碟片来存储，混合硬盘是把磁性硬盘和闪存集成到一起的一种硬盘。

固态硬盘

1.2.4 主板

如果把CPU比作电脑的"心脏"，那么主板便是电脑的"躯干"。几乎所有的电脑部件都是直接或间接连接到主板上的，主板性能的好坏对整机的速度和稳定性都有极大影响。主板又称系统板或母板（Mather Board），是电脑系统中极为重要的部件。主板一般为矩形电路板，上面安装了组成电脑的主要电路系统，并集成了各式各样的电子零件和接口。下图所示即为一个主板的外观。

主板

1.2.5 显卡

显卡是个人电脑最基本的组成部分之一。其用途主要是将电脑系统所需要的显示信息进行转换驱动，并向显示器提供行扫描信号，控制显示器的正确显示，承担着输出显示图形的任务。下图所示为七彩虹iGame 1060烈焰战神X-6GD5显卡。

1.2.6 电源

主机电源是一种安装在主机箱内的封闭式独立部件，它的作用是将交流电通过一个开关电源变压器转换为+5V、-5V、+12V、-12V、+3.3V等稳定的直流电，以供应主机箱内主板驱动、硬盘驱动及各种适配器扩展卡等系统部件使用。

1.2.7 机箱

机箱为CPU、主板、内存、硬盘等硬件提供了充足的空间，是它们的保护伞，同时起到隔声、防辐射和防电磁干扰的作用。下图为机箱外观图。

1.3 电脑的软件组成

本节视频教学时间 / 14分钟

软件是电脑系统的重要组成部分。电脑的软件可以分为系统软件、驱动软件和应用软件三大类。电脑可以运行不同的软件，完成许多不同的工作，具有非凡的灵活性和通用性。

1.3.1 操作系统

操作系统是一款管理电脑硬件与软件资源的程序，同时也是电脑系统的内核与基石。目前，操作系统主要有Windows 7、Windows 8和Windows 10等。

（1）流行的Windows系统——Windows 7

Windows 7是由微软公司开发的新一代操作系统，它的诞生具有革命性的意义。该系统旨在为人们提供高效易行的工作环境，让人们的日常电脑操作更加简单和快捷。Windows 7系统和以前的系统相比，具有很多的优点：更快的速度和性能、更个性化的桌面、更强大的多媒体功能。Windows Touch带来极致触摸操控体验；Homegroups和Libraries简化局域网共享，具有全面革新的用户安全机制，超强的硬件兼容性，革命性的工具栏设计等。

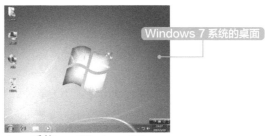

Windows 7 系统的桌面

（2）革命性的Windows系统——Windows 8.1

Windows 8是由微软公司开发的、具有革命性变化的操作系统。Windows 8系统支持来自Intel、AMD和ARM的芯片架构，这意味着Windows系统开始向更多平台迈进，包括平板电脑和PC。Windows 8增加了很多实用功能，主要包括全新的Metro界面、内置Windows应用商店、应用程序的后台常驻、采用"Ribbon"界面的资源管理器、智能复制、IE 10浏览器、内置pdf阅读器、支持ARM处理器和分屏多任务处理界面等。

Windows 8 系统的桌面

Windows 8 系统的 Metro 桌面

（3） 新一代Windows系统——Windows 10

Windows 10是美国微软公司正在研发的新一代跨平台及设备应用的操作系统，使用范围将涵盖PC、平板电脑、手机、XBOX和服务器端等。Windows 10 采用全新的开始菜单，并且重新设计了多任务管理界面，在桌面模式下可运行多个应用和对话框，并且能在不同桌面间自由切换，此外Windows 10使用新的浏览器Spartan（斯巴达）。

Windows 10 系统的桌面

1.3.2　驱动程序

驱动程序的全称为"设备驱动程序"，英文名为"Device Driver"，是一种可以使电脑和设备通信的特殊程序，相当于硬件的接口。操作系统只有通过驱动程序才能控制硬件设备的工作，假如某个硬件的驱动程序没有正确安装，则该硬件不能正常工作。因此，驱动程序被誉为"硬件的灵魂""硬件的主宰"和"硬件和系统之间的桥梁"等。

在操作系统中，如果不安装驱动程序，则电脑会出现屏幕不清楚、没有声音和分辨率不能设置等现象，所以正确安装操作系统是非常必要的。

1.3.3　应用程序

所谓应用程序，是指除了系统软件以外的所有软件，它是用户利用电脑及其提供的系统软件为解决各种实际问题而编制的电脑程序。由于电脑已渗透到了各个领域，因此，应用软件是多种多样的。目前，常见的应用软件有各种用于科学计算的程序包、各种字处理软件、信息管理软件、电脑辅助设计教学软件、实时控制软件和各种图形软件等。

应用软件是为了完成某项工作而开发的一组程序，它能够为用户解决各种实际问题。下面列举几种应用软件。

1. 办公类软件

办公类软件主要指用于文字处理、电子表格制作、幻灯片制作等的软件，如Microsoft公司的Office Word是应用最广泛的办公软件之一，如下图所示的是Word 2016的主程序界面。

2．图像处理软件

图像处理软件主要用于编辑或处理图形、图像文件，应用于平面设计、三维设计、影视制作等领域，包括Photoshop 、Corel DRAW、绘声绘影、美图秀秀等，如下图所示为Photoshop CC界面。

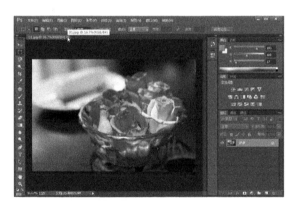

3．媒体播放器

媒体播放器是指电脑中用于播放多媒体的软件，包括网页、音乐、视频和图片4类播放器软件，如Windows Media Player 、迅雷看看、Flash播放器等。

1.4 电脑的外部设备

本节视频教学时间 / 17分钟

外部设备主要是除电脑主机外的外部硬件设备，如常用的外部设备有显示器、鼠标、键盘等，而在办公中常用的设备有打印机、扫描仪等。

1.4.1 常用的外部设备

本节主要介绍常用的外部设备，包括显示器、鼠标、键盘、麦克风、摄像头、音箱等。

1．显示器

显示器是电脑重要的输出设备。电脑操作的各种状态、结果、编辑的文本、程序、图形等都是在显示器上显示出来的。如下图为液晶显示器。

2．键盘

键盘是电脑最基本的输入设备。用户给电脑下达的各种命令、程序和数据都可以通过键盘输入电脑中。按照键盘的结构可以将键盘分为机械式键盘和电容式键盘，按照键盘的外形可以将键盘分为标准键盘和人体工学键盘，按照键盘的接口可以将键盘分为AT接口（大口）、PS/2接口（小口）、USB接口、无线连接等种类的键盘。

3．鼠标

鼠标用于确定光标在屏幕上的位置。在应用软件的支持下，鼠标可以快速、方便地完成某种特定的功能。鼠标包括鼠标右键、鼠标左键、鼠标滚轮、鼠标线和鼠标插头。鼠标按照插头的类型可分为USB接口的鼠标、PS/2接口的鼠标和无线鼠标。

4.耳麦/麦克风

耳麦是耳机和麦克风的结合体,在电脑外部设备中是重要的设备之一,与耳机最大的区别是加入了麦克风,可以用于录入声音、语音聊天等。用户也可以分别购买耳机和麦克风,以追求更好的声音效果,麦克风建议购买家用多媒体类型。下图所示为耳麦和麦克风。

5.摄像头

摄像头(Camera)又称为电脑相机、电脑眼等,是一种视频输入设备,被广泛地运用于视频会议、远程医疗、实时监控,我们可以通过摄像头在网上进行有影像、有声音的交流和沟通等。下图所示为摄像头。

6.路由器

路由器,是用于连接多个逻辑上分开的网络的设备,可以用来建立局域网,实现家庭中多台电脑同时上网,也可将有线网络转换为无线网络。如今随着手机、平板电脑的广泛使用,路由器成为不可缺少的网络设备,而智能路由器也随之出现,其具有独立的操作系统,可以实现智能化管理路

13

由器，安装各种应用，自行控制带宽、自行控制在线人数、自行控制浏览网页、自行控制在线时间等，同时拥有强大的USB共享功能。如下图分别为腾达的三条线无线路由器和小米智能路由器。

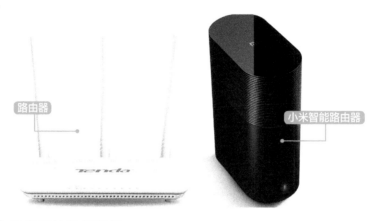

1.4.2 办公常用的外部设备

在企业办公中，电脑常用的外部相关设备包括：可移动存储设备、打印机、复印机、扫描仪等。有了这些外部设备，可以充分发挥电脑的优异性能。

1. 可移动存储设备

可移动存储设备是指可以在不同终端间移动的存储设备，其方便了资料的存储和转移。目前较为普遍的可移动存储设备主要有移动硬盘和U盘。

（1）移动硬盘

移动硬盘是以硬盘为存储介质，实现电脑之间的大容量数据交换，其数据的读写模式与标准IDE硬盘是相同的。移动硬盘多采用USB、IEEE1394等传输速度较快的接口，可以以较高的速度与电脑进行数据传输。

（2）U盘

U盘又称为"优盘"，是一种无需物理驱动器的微型高容量移动存储产品，通过USB接口与电脑连接，实现"即插即用"。因此，也叫"USB闪存驱动器"。

U盘主要用于存放照片、文档、音乐、视频等中小型文件，它的最大优点是体积小，价格便宜。体积如大拇指般大小，携带极为方便，可以放入口袋中、钱包里。U盘容量常见的有8GB、

16GB、32GB等，根据接口类型主要分为USB 2.0和USB 3.0两种，另外还有一种支持插到手机中的双接口U盘。

双接口 U 盘

2．打印机

打印机是使用电脑办公不可缺少的一个组成部分，是重要的输出设备之一。通常情况下，只要是使用电脑办公的公司都会配备打印机。通过打印机，用户可以将在电脑中编辑好的文档、图片等数据资料打印输出到纸上，从而方便用户将资料进行长期存档或向上级（或部门）报送资料及用作其他用途。

近年来，打印机技术取得了较大的进展，各种新型实用的打印机应运而生，一改以往针式打印机一统天下的局面。目前，针式打印机、喷墨打印机、激光打印机和多功能一体机百花齐放，各自发挥其优点，满足用户不同的需求。

喷墨打印机

激光打印机

3．复印机

我们通常所说的复印机是指静电复印机，它是一种利用静电技术进行文书复制的设备。复印机是从书写、绘制或印刷的原稿得到等倍、放大或缩小的复印品的设备。复印机复印的速度快，操作简便，与传统的铅字印刷、蜡纸油印、胶印等的主要区别是无需经过其他制版等中间手段，就能直接从原稿获得复印品。

复印机

4．扫描仪

扫描仪的作用是将稿件上的图像或文字输入到电脑中。如果是图像，则可以直接使用图像处理软件进行加工；如果是文字，则可以通过OCR软件，把图像文本转化为电脑能识别的文本文件，这样可节省把字符输入电脑的时间，大大提高输入速度。

技巧：选择品牌机还是兼容机

1．品牌机

品牌机是指由具有一定规模和技术实力的正规生产厂家生产，并具有明确品牌标识的电脑，如Lenovo（联想）、Haier（海尔）、Dell（戴尔）等。品牌机是由公司组装起来的，且经过兼容性测试，正式对外出售的整套的电脑，它有质量保证以及完整的售后服务。

一般选购品牌机，不需要考虑配件搭配问题，也不需要考虑兼容性。只要装完系统、付款后就可马上搬走，省去了组装机硬件安装和测试的过程，买品牌机可以节省很多时间。

2．兼容机

兼容机简单讲就是DIY的机器，也就是非厂家原装，完全根据顾客的要求进行配置的机器，其中的元件可以是同一厂家出品的，也可以是整合各家之长的。兼容机在进货、组装、质检、销售和保修等方面随意性很大。

与品牌机相比，兼容机的优势在于以下几点。

（1）组装机搭配随意，可根据用户要求随意搭配。

（2）DIY配件市场淘汰速度比较快，品牌机很难跟上其更新的速度，有些在散件市场已经淘汰了的配件还出现在品牌机上。

（3）价格优势，电脑散件市场的流通环节少，利润也低，价格和品牌机有一定差距，品牌机流通环节多，利润相比之下要高，所以没有价格优势。值得注意的是由于大部分电脑新手主要看重硬盘大小和CPU高低，而忽略了主板和显卡的重要性，品牌机往往会降低主板和显卡的成本。

第2章

电脑硬件的选购

重点导读 ·· 本章视频教学时间：1小时59分钟

在电脑组装与硬件维修中，硬件的选购是非常重要的一步，这就需要读者对硬件足够了解。本章主要介绍电脑内部硬件的类型、型号、性能指标、主流品牌及选购技巧等，使读者充分掌握电脑硬件的相关知识及电脑硬件的选购技巧。

学习效果图

2.1 CPU

本节视频教学时间 / 9分钟

CPU（Central Processing Unit）也就是中央处理器。它负责进行整个电脑系统指令的执行、算术与逻辑运算、数据存储、传送及输入和输出控制，也是整个系统最高的执行单位，因此，正确地选择CPU是组装电脑的首要问题。

CPU主要由内核、基板、填充物以及散热器等部分组成。它的工作原理是：CPU从存储器或高速缓冲存储器中取出指令，放入指令寄存器，并对指令译码。它把指令分解成一系列的微操作，然后发出各种控制命令，执行微操作系列，从而完成一条指令的执行。

2.1.1 CPU的性能指标

CPU是整个电脑系统的核心，它往往是各种档次电脑的代名词。CPU的性能大致上反映出电脑的性能，因此它的性能指标十分重要。CPU主要的性能指标有以下几点。

1．主频

主频即CPU的时钟频率，单位是MHz（或GHz），用来表示CPU的运算、处理数据的速度。一般来说，主频越高，CPU的速度越快。由于内部结构不同，并非所有的时钟频率相同的CPU的性能都一样。

2．外频

外频是CPU的基准频率，单位是MHz。CPU的外频决定着整块主板的运行速度。一般情况下在台式机中所说的超频，都是超CPU的外频。

3．扩展总线速度

扩展总线速度（Expansion-Bus Speed）指安装在电脑系统上的局部总线，如VESA或PCI总线接口卡的工作速度。我们打开电脑时会看见一些插槽般的东西，这些就是扩展槽，而扩展总线就是CPU联系这些外部设备的桥梁 。

4．缓存

缓存大小也是CPU的重要指标之一，而且缓存的结构和大小对CPU速度的影响非常大，CPU缓存的运行频率极高，一般是和处理器同频运作，工作效率远远高于系统内存和硬盘。实际工作时，CPU往往需要重复读取同样的数据块，而缓存容量的增大，可以大幅度提升CPU内部读取数据的命中率，而不用再到内存或者硬盘上寻找，以此提高系统性能。但是从CPU芯片面积和成本的因素来考虑，缓存都很小。常见分为一级、二级和三级缓存，L1 Cache为CPU第一层缓存，L2 Cache为CPU第二层高级缓存，L3 Cache为CPU第三层缓存，其中缓存越靠前，速度越快，所以一级缓存越大，速度越快，其次是二级，而三级缓存速度最慢。

5．前端总线频率

前端总线（FSB）频率，即总线频率，直接影响CPU与内存之间数据交换速度。通过一条公式可以计算，即数据带宽＝（总线频率×数据位宽）÷8，数据传输最大带宽取决于所有同时传输的数据的宽度和传输频率。

6．制造工艺

制造工艺的微米数是指IC内电路与电路之间的距离。制造工艺的趋势是向密集度高的方向发展。密度愈高的IC电路设计，意味着在同样大小面积的IC中，可以拥有密度更高、功能更复杂的电路设计。目前主流的CPU制作工艺有22nm、28nm、32nm、45nm、65nm等，而Intel最新CPU为14nm，这也将成为下一代CPU的发展趋势，其功耗和发热量更低。

7．插槽类型

CPU通过某个接口与主板连接才能正常工作，目前CPU的接口都是针脚式接口，主板上有相应的插槽类型。不同类型的CPU具有不同的CPU插槽，因此选择CPU，就必须选择带有与插槽类型对应的主板。主板CPU插槽类型不同，插孔数、体积、形状都有变化，所以不能互相接插。一般情况下，Intel的插槽类型是LGA、BGA，不过BGA的CPU与主板焊接，不能更换，主要用于笔记本中，在电脑组装中不常用。而AMD的插槽类型是Socket。

如下表列出主流插槽类型及对应的CPU。

插槽类型	适用的CPU
LGA 775	Intel奔腾双核、酷睿2和赛扬双核系列等，如E5700、E5300、E3500等
LGA 1150	Intel 酷睿i3、i5和i7四代系列、奔腾G3XXX系列、赛扬G1XXX系列、至强E3系列等，如i3系列4130、4160、4170、4370等；如i5系列4590、4690K、4460、4570、4690等；如i7系列4790K、4790、4470K、4770等，其他有G32600、G3258、3220、E3-1231 V3等
LGA 1151	英特尔2代14nm CPU，如E3-1230 V5、E3-1230 V6等
LGA 1155	Intel 奔腾双核G系列，酷睿i3、i5和i7二代\三代系列、至强E3系列等，如G2030、i3 3240、i5 3450、i7 3770、E3-1230V2
LGA 2011	Intel 酷睿i7 3930K、3960X至尊版、3970X、4930K、4820K、4960X，至强系列E5-2620V2等
LGA 2011-v3	Intel 酷睿i7 5820K、5960X、6950X、6900K、6850X等
Socket AM3	AMD 羿龙II X4、羿龙II X6、速龙II X2、速龙II X4、闪龙 X2、AMD FX-4110等
Socket AM3+	AMD FX（推土机）系列等，如FX-8350、FX-6300、FX8300等
Socket FM1	AMD APU的A4、A6和A8系列、速龙II X4等
Socket FM2	AMD APU的A4、A6、A8和A10系列、速龙II X4等
Socket FM2+	AMD A6-7400K、A8-7650K、A8-7600、A10-7800、A10-7850K、AMD 速龙 X4 860K（盒）等

2.1.2　CPU的选购技巧

CPU是整个电脑系统的核心，电脑中所有的信息都是由CPU来处理的，所以CPU的性能直接关系到电脑的整体性能。因此用户在选购CPU时首先应该考虑以下几个方面。

1．通过"用途"选购

电脑的用途体现在CPU的档次上。如果是用来学习或进行一般性的娱乐，可以选择一些性价比比较高的CPU，例如：Intel的酷睿双核系列、AMD的四核系列等；如果电脑是用来做专业设计或玩游戏，则需要买高性能的CPU，当然价格也相应地高一些，例如酷睿四核或AMD四核系列产品。

2．通过"品牌"选购

市场上CPU的厂家主要是Intel和AMD，他们推出的CPU型号很多。 当然这一系列型号的名称也很容易让用户迷糊，因此，在购买前要认真查阅相关资料。

3．通过"散热性"选购

CPU工作的时候会产生大量的热量，从而达到非常高的温度，选择一个好的风扇可以使CPU使用的时间更长，一般正品的CPU都会附赠原装散热风扇。

4．通过"产品标识"识别CPU

CPU的编号是一串字母和数字的组合，通过这些编号就能把CPU的基本情况告诉我们。能够正确地解读出这些字母和数字的含义，将帮助我们正确购买所需的产品，减少上当受骗的概率。

5．通过"质保"选购

对于盒装正品的CPU，厂家一般提供3年的质保，但对于散装CPU，厂家最多提供一年的质保。当然盒装CPU的价格相比散装CPU也要贵一点。

2.2 主板

本节视频教学时间 / 16分钟

如果把CPU比作电脑的"心脏"，主板便是电脑的"躯干"。几乎所有的电脑部件都是直接或间接连接到主板上的，主板性能的好坏对整机的速度和稳定性都有极大影响。主板又称系统板或母板（Mather Board），是电脑系统中极为重要的部件。

2.2.1 主板的结构分类

市场上流行的电脑主板种类较多，不同厂家生产的主板，其结构也有所不同。目前电脑主板的结构可以分类为AT、Baby-AT、ATX、Micro ATX、LPX、NLX、Flex ATX、EATX、WATX以及BTX等。

其中，AT和Baby-AT是多年前的老主板结构，现在已经被淘汰；而LPX、NLX、Flex ATX则是ATX的变种，多见于国外的品牌机，国内尚不多见；EATX和WATX则多用于服务器/工作站主板；Micro ATX又称Mini ATX，是ATX结构的简化版，就是常说的"小板"，扩展插槽较少，PCI插槽数量在3个或3个以下，多用于品牌机并配备小型机箱；而BTX则是英特尔制定的最新一代主板结构；ATX是目前市场上最常见的主板结构，扩展插槽较多，PCI插槽数量在4~6个，大多数主板都采用此结构。如下图为ATX型主板。

ATX 型主板

2.2.2 主板的插槽模块

主板上的插槽模块主要有对内的插槽和模块和对外接口两部分。

1. CPU插座

CPU插座是CPU与主板连接的桥梁，不同类型的CPU需要与之相适应的插座配合使用。按CPU插座的类型可将主板分为LGA主板和Socket型主板。如下图分别为LGA 1150插座和Socket FM2/FM2+插座。

LGA 1150 插座

Socket FM2/ FM2+ 插座

2. 内存插槽

内存插槽一般位于CPU插座下方，如下图所示。

内存插槽

3. AGB插槽

AGP插槽颜色多为深棕色，位于北桥芯片和PCI插槽之间。AGP插槽有1×、2×、4×和8×之分。AGP4×的插槽中间没有间隔，AGP2×则有。在PCI Express出现之前，AGP显卡较为流行，目前最高规格的AGP 8X模式下，数据传输速度达到了2.1GB/s。

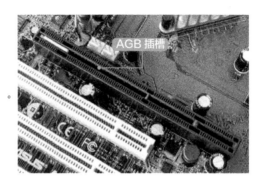

4. PCI Express插槽

随着3D性能要求的不断提高，AGP已越来越不能满足视频处理带宽的要求，目前主流主板上显卡接口多转向PCI Express。PCI Express插槽有1×、2×、4×、8×和16×之分。

5. PCI插槽

PCI插槽多为乳白色，是主板的必备插槽，可以插上软Modem、声卡、股票接受卡、网卡、多功能卡等设备。

6. CNR插槽

多为淡棕色，长度只有PCI插槽的一半，可以插CNR的软Modem或网卡。这种插槽的前身是AMR插槽。CNR和AMR不同之处在于：CNR增加了对网络的支持性，并且占用的是ISA插槽的位置。共同点是它们都是把软Modem或是软声卡的一部分功能交由CPU来完成。这种插槽的功能可在主板的BIOS中开启或禁止。

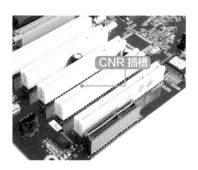

7. SATA接口

SATA的全称是Serial Advanced Technology Attachment（串行高级技术附件，一种基于行业标准的串行硬件驱动器接口），用于连接SATA硬盘及SATA光驱等存储设备。

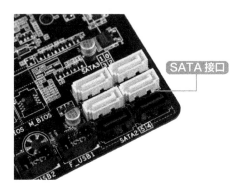

8. 前面板控制排针

将主板与机箱面板上的各开关按钮和状态指示灯连接在一起的针脚，如电源按钮、重启按钮、电源指示灯和硬盘指示灯等。

9. 前置USB接口

将主板与机箱面板上USB接口连接在一起的接口，一般有两个USB接口，部分主板有USB 3.0接口。

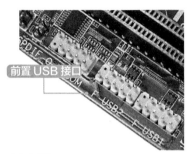 

10. 前置音频接口

前置音频接口是主板连接机箱面板上耳机和麦克风的接口。

11. 背部面板接口

背部面板接口是连接电脑主机与外部设备的重要接口，如连接鼠标、键盘、网线、显示器等。背部面板接口如下图所示。

2.2.3 主板的性能指标：芯片组

芯片组是构成主板电路的核心，是整个主板的神经，决定了主板的性能，影响着整个电脑系统性能的发挥，芯片组是主板的灵魂。芯片组性能的优劣，决定了主板性能的好坏与级别的高低。这是因为目前CPU的型号与种类繁多、功能特点不一，如果芯片组不能与CPU良好地协同工作，将严重地影响计算机的整体性能甚至导致计算机不能正常工作。

芯片组是由"南桥"和"北桥"组成的，"南桥"和"北桥"是主板上最重要、成本最高的两颗芯片，它把复杂的电路和元件最大限度地集成在几颗芯片内。

北桥芯片是主板上离CPU最近的芯片，位于CPU插座与PCI-E插座的中间，它起着主导作用，也称"主桥"，负责内存控制器、PCI-E控制器、集成显卡、前/后端总线等，由于其工作强度大，发热量也大，因此北桥芯片都覆盖着散热片，用来加强北桥芯片的散热，有些主板的北桥芯片还会配合风扇进行散热。

南桥芯片一般位于主板上离CPU插槽较远的下方、PCI插槽的附近，负责外围周边功能，包括磁盘控制器、网络端口、扩展卡槽、音频模块、I/O接口等。南桥芯片相对于北桥芯片来说，其数据处理量并不算大，因此南桥芯片一般都没有覆盖散热片。

目前，在台式机市场上，主要芯片组来自于Intel和AMD公司。Intel公司的主要芯片组产品包括9系列芯片组、8系列芯片组、7系列芯片组和6系列芯片组等，而AMD公司的芯片组产品包括9系列芯片组、8系列芯片组、7系列芯片组和APU系列芯片组等。芯片组的主流型号如下表所示。

公司名称	芯片系列	型号
Intel	9系列芯片组	Z97/H97等
	8系列芯片组	Z87/H87/Q87/B85/H81等
	7系列芯片组	Z77/Z75/H77/Q77/X79/B75等
	6系列芯片组	Z68/Q67/Q65/P67/B65/H67/H61等
AMD	9系列芯片组	990FX/990X/970等
	8系列芯片组	890FX/890GX/880G/870等
	7系列芯片组	790FX/790X/785G/780G/770/760G等
	APU系列芯片组	A88X/A85X/A78/A75/A55

2.2.4 主板的选购技巧

电脑的主板是电脑系统运行环境的基础，主板的作用非常重要，尤其是在稳定性和兼容性方面，更是不容忽视的。如果主板选择不当，则其他插在主板上的部件的性能可能就不会被充分发挥。目前主流的主板品牌有华硕、微星和技嘉等，用户选购主板之前，应根据自己的实际情况谨慎选择购买方案。不要盲目认为最贵的就是最好的，因为这些昂贵的产品不一定适合自己。

1．选购主板的技术指标

（1）CPU

根据CPU的类型选购主板，因为不同的主板支持不同类型的CPU，不同CPU要求的插座不同。

（2）内存

主板要支持高度的SDRAM，以便系统更好地协调工作，同时内存插槽数不少于4条。

（3）芯片组

芯片组是主板的核心组成部分，其性能的好坏，直接关系到主板的性能。在选购时应选用先进的芯片组集成的主板。同样芯片组的比价格，同样价格的比做工用料，同样做工的比BIOS。

（4）结构

ATX结构的主板具有节能、环保和自动休眠等功能，性能也比较先进。

（5）接口

由于电脑外部设备，如可移动硬盘、数码相机、扫描仪和打印机等的迅速发展，连接这些设备的接口也成了选购电脑主板时必须要注意的，如USB接口，USB 3.0已成为趋势，而USB 3.1也随之诞生，给用户带来更好的传输体验。

（6）总线扩展插槽数

在选择主板时，通常选择总线插槽数多的主板。

（7）集成产品

主板的集成度并不是越高越好，有些集成的主板是为了降低成本，将显卡也集成在主板上，这时显卡就占用了主内存，从而造成系统性能的下降，因此，在经济条件允许的情况下，购买主板时要选择有独立显卡的主板。

（8）可升级性

随着电脑的不断发展，总会出现旧的主板不支持新技术规范的现象，因此在购买主板时，应尽量选用可升级性的主板，以便通过BIOS升级和更新主板。

（9）生产厂家

选购主板时最好选择名牌产品，例如华硕、技嘉、微星、七彩虹、华擎、映泰、梅捷、昂达、捷波、双敏、精英等。

2．选购主板的标准

（1）观察印制电路板

主板使用的印制电路板分为4层板和6层板。在购买时，应选6层板的电路板，因为其性能要比4层板强，布线合理，而且抗电磁干扰的能力也强，能够保证主板上的电子元件不受干扰地正常工作，提高了主板的稳定性。还要注意PCB板边角是否平整，有无异常切割等现象。

（2）观察主板的布局

一个合理的布局，会降低电子元件之间的相互干扰，极大地提高电脑的工作效率。

① 查看CPU的插槽周围是否宽敞。宽敞的空间是为了方便CPU的风扇的拆装，同时也会给CPU的散热提供帮助。

② 注意主板芯片之间的关系：北桥芯片组周围是否围绕着CPU、内存和AGP插槽等，南桥芯片周围是否围绕着PCI、声卡芯片、网卡芯片等。

③ CPU插座的位置是否合理。CPU插座的位置不能过于靠近主板的边缘，否则会影响大型散热器的安装。也不能与周围电解电容靠得太近，防止安装散热器时，造成电解电容损坏。

④ ATX电源插座是否合理。它应该是在主板上边靠右的一侧或者在CPU插座与内存插槽之间，而不应该出现在CPU插座与左侧I/O接口之间。

（3）观察主板的焊接质量

焊接质量的好坏，直接影响到主板工作的质量，质量好的主板各个元件的焊接紧密，并且电容与电阻的夹角应该在30°～ 45°，而质量差的主板，元件的焊接比较松散，并且容易脱落，电容与电阻的排列也十分混乱。

（4）观察主板上的元件

观察各种电子元件的焊点是否均匀，有无毛刺、虚焊等现象，而且主板上贴片电容数量要多，且要有压敏电阻。

2.3　内存

本节视频教学时间 / 7分钟

内存储器（简称内存，也称主存储器）用于存放电脑运行所需的程序和数据。内存的容量与性能是决定电脑整体性能的一个决定性因素。内存的大小及其时钟频率（内存在单位时间内处理指令的次数，单位是MHz）直接影响到电脑运行速度的快慢，即使CPU主频很高，硬盘容量很大，但如果内存很小，电脑的运行速度也快不了。

2.3.1　内存的性能指标

查看内存的质量首先需要了解内存条的性能指标。

（1）时钟频率

内存的时钟频率通常表示内存速度，单位为MHz（兆赫）。目前，DDR3内存频率主要为2800 MHz、2666 MHz、2400MHz、2133MHz、2000MHz、1866MHz、1600MHz等，DDR4内存频率主要为3200 MHz、3000 MHz、2800 MHz、2666 MHz、2400MHz、2133MHz等。

（2）内存的容量

主流电脑多采用的是4GB或8GB的DDR3内存，其价格相差并不多。

（3）CAS延迟时间

CAS延迟时间是指要多少个时钟周期才能找到相应的位置，其速度越快，性能也就越高，它是内存的重要参数之一。用CAS latency（延迟）来衡量这个指标，简称CL。目前DDR内存主要有2、2.5和3这3种CL值的产品，同样频率的内存CL值越小越好。

（4）SPD

SPD是一个8针EEPROM（电可擦写可编程只读存储器）芯片。一般位于内存条正面的右侧，里面记录了诸如内存的速度、容量、电压、行与列地址、带宽等参数信息。这些信息都是内存厂预先输入进去的，当开机的时候，电脑的BIOS会自动读取SPD中记录的信息。

（5）内存的带宽

内存的带宽也叫数据传输率，是指每秒钟访问内存的最大位节数。内存带宽总量（MB）=最带时钟频率（MHz）×总线带宽（b）×每时钟数据段数据/8。

2.3.2 内存的选购技巧

下面介绍一些选购内存时的技巧。

1. 选购内存的注意事项

（1）确认购买目的

现如今的流行配置为4GB和8GB，价格方面差异不大，如果有更高的需求，可以选择高主频的8GB内存。

（2）认准内存类型

常见的内存类型主要是DDR3和DDR4两种，在购买这两种类型的内存时要根据主板的CPU所支持的技术进行选择，否则可能会因不兼容而影响使用。

（3）识别打磨的内存条

正品的芯片表面一般都有质感、光泽、荧光度。若觉得芯片的表面色泽不纯甚至比较粗糙、发毛，那么这颗芯片的表面一定是受到了磨损。

（4）金手指工艺

金手指工艺是指在一层铜片上通过特殊工艺再覆盖一层金，因为金不容易被氧化，而且具有超强的导通性能，所以，在内存触片中都应用了这个工艺，从而加快内存的传输速度。

金手指的金属有两种工艺标准：化学沉金和电镀金。电镀金工艺比化学沉金工艺先进，而且能保证电脑系统更加稳定地运行。

（5）查看电路板

电路板的做工要求板面要光洁、色泽均匀，元器件焊接整齐，焊点均匀有光泽，金手指要光亮，板上应该印刷有厂商的标识。常见的劣质内存芯片标识模糊不清、混乱，电路板毛糙，金手指色泽晦暗，电容排列不整齐，焊点不干净。

2．辨别内存的真假

（1）别贪图便宜

价格是伪劣品唯一的竞争优势，在购买内存条时，不要贪图便宜。

（2）查看产品防伪标记

查看内存电路板上有没有内存模块厂商的明确标识，其中包括查看内存包装盒、说明书、保修卡的印刷质量。最重要的是要留意是否有该品牌厂商宣传的防伪标记。为防止假货，通常包装盒上会标有全球统一的识别码，还提供免费的800电话，以便查询真伪。

（3）查看内存条的做工

查看内存条的做工是否精细，首先需要观察内存颗粒上的字母和数字是否清晰且有质感，其次查看内存颗粒芯片的编号是否一致，有没有打磨过的痕迹，还必须观察内存颗粒四周的管脚是否有补焊的痕迹，电路板是否干净整洁，金手指有无明显擦痕和污渍。

（4）上网查询

很多的电脑经销商会为顾客提供一个方便的上网平台，以方便用户通过网络查看自己所购买的内存是否为真品。

（5）软件测试

现在有很多针对内存测试的软件，在配置电脑时对内存条进行现场测试，也会清楚地发现自己的内存是否为真品。

2.4 硬盘

本节视频教学时间 / 23分钟

硬盘是电脑最重要的外部存储器之一，由一个或多个铝制或者玻璃制的碟片组成。这些碟片外覆盖有铁磁性材料。绝大多数硬盘都是固定硬盘，被永久性地密封固定在硬盘驱动器中。硬盘最重要的指标是硬盘容量，其容量大小决定了可存储信息的多少。

2.4.1 硬盘的性能指标

硬盘的性能指标有以下几项。

1．主轴转速

硬盘的主轴转速是决定硬盘内部数据传输率的因素之一，它在很大程度上决定了硬盘的速度，同时也是区别硬盘档次的重要标志。

2．平均寻道时间

平均寻道时间，指硬盘磁头移动到数据所在磁道时所用的时间，单位为毫秒（ms）。硬盘的平均寻道时间越小，性能就越高。

3．高速缓存

高速缓存，指在硬盘内部的高速存储器。目前硬盘的高速缓存一般为512KB～2MB，SCSI硬盘的更大。购买时应尽量选取缓存为2MB的硬盘。

4．最大内部数据传输率

内部数据传输率也叫持续数据传输率（sustained transfer rate），单位为MB/s。它是指磁头至硬盘缓存间的最大数据传输率，一般取决于硬盘的盘片转速和盘片线密度（指同一磁道上的数据容量）。

5．接口

硬盘接口主要分为SATA 2和SATA 3，SATA2（SATA II）是芯片巨头Intel（英特尔）与硬盘巨头Seagate（希捷）在SATA的基础上发展起来的，传输速率为3Gbit/s，而SATA3.0接口技术标准是2007上半年英特尔公司提出的，传输速率将达到6Gbit/s，在SATA2.0的基础上增加了1倍。

6．外部数据传输率

外部数据传输率也称为突发数据传输率，它是指从硬盘缓冲区读取数据的速率。在广告或硬盘特性表中常以数据接口速率代替，单位为MB/s。目前主流的硬盘已经全部采用UDMA/100技术，外部数据传输率可达100MB/s。

7．连续无故障时间

连续无故障时间是指硬盘从开始运行到出现故障的最长时间，单位是小时（h）。一般硬盘的MTBF至少在30000小时以上。这项指标在一般的产品广告或常见的技术特性表中并不提供，需要时可专门上网到具体生产该款硬盘的公司网站中查询。

8．硬盘表面温度

该指标表示硬盘工作时产生的温度使硬盘密封壳温度上升的情况。

2.4.2 主流的硬盘品牌和型号

目前，市场上主要的生产厂商有希捷、西部数据和HGST等。希捷内置式3.5英寸和2.5英寸硬盘可享受5年质保，其余品牌盒装硬盘一般是提供3年售后服务（1年包换，2年保修），散装硬盘则为1年。

1．希捷（Seagate）

希捷硬盘是市场上占有率最大的硬盘，以其"物美价廉"的特性在消费者群中树立了很好的口碑。市场上常见的希捷硬盘：希捷Barracuda 1TB 7200转64MB 单碟、希捷Barracuda 500GB 7200转16MB SATA3、希捷Barracuda 2TB 7200转64MB SATA3、希捷Desktop 2TB 7200转8GB混合硬盘。

希捷（Seagate）

2. 西部数据（Western Digital）

西部数据硬盘凭借着大缓存的优势，在硬盘市场中有着不错的性能表现。市场上常见的西部数据硬盘：WD 500GB 7200转16MB SATA3蓝盘、西部数据1TB 7200转64MB SATA3 蓝盘、西部数据Caviar Black 1TB 7200转64MB SATA3等。

西部数据（Western Digital）

3. HGST

HGST前身是日立环球存储科技公司，创立于2003年，被收购后，日立将名称进行更改，原"日立环球存储科技"正式被命名为HGST，归属为西部数据旗下独立营运部门。HGST是基于IBM和日立就存储科技业务进行战略性整合而创建的。市场上常见的日立硬盘：HGST 7K1000.D 1TB 7200转32MB SATA3 单碟、HGST 3TB 7200转64MB SATA3等。

HGST 硬盘

2.4.3 固态硬盘及主流产品

固态硬盘，简称固盘，而常见的SSD就是指固态硬盘（Solid State Disk）。固态硬盘是用固态电子存储芯片阵列而制成的硬盘，由控制单元和存储单元（FLASH芯片、DRAM芯片）组成。

1.固态硬盘的优缺点

固态硬盘作为硬盘界的新秀，其主要解决了机械式硬盘的设计局限，拥有众多优势，具体如下。

● 读写速度快。固态硬盘没有机械硬盘的机械构造，以闪存芯片为存储单位，不需要磁头，寻道时间几乎为0，可以快速读取和写入数据，加快操作系统的运行速度，因此最适合作系统盘，可以快速开机和启动软件。

● 防震抗摔性。与传统硬盘相比，固态硬盘使用闪存颗粒制作而成，内部不存在任何机械部件，在高速移动甚至伴随翻转倾斜的情况下也不会影响到正常使用，而且在发生碰撞和震荡时能够将数据丢失的可能性降到最小。

● 低功耗。固态硬盘有较低的功耗，一般写入数据时，也不超过3W。、

● 发热低，散热快。由于没有机械构件，可以在工作状态下保证较低的热量，而且散热较快。

● 无噪音。固态硬盘没有机械马达和风扇，工作时噪音值为0分贝。

● 体积小。固态硬盘在重量方面更轻，与常规1.8英寸硬盘相比，重量轻20～30克。

2.固态硬盘的优缺点

虽然固态硬盘可以有效地解决机械硬盘存在的不少问题，但是仍有不少因素，制约了它的普及，其主要存在以下缺点。

● 成本高容量低。价格昂贵是固态硬盘最大的不足，而且容量小，无法满足大型数据的存储需求，目前固态硬盘最大容量仅为4TB。

● 可擦写寿命有限。固态硬盘闪存具有擦写次数限制的问题，这也是许多人诟病其寿命短的所在。闪存完全擦写一次叫做1次P/E，因此闪存的寿命就以P/E作单位，如120G的固态硬盘，写入120G的文件算一次P/E。对于一般用户而言，一个120GB的固态硬盘，一天即使写入50GB，2天完成一次P/E，也可以使用20年。当然，和机械硬盘相比就无太大优势。

3.主流的固态硬盘产品

固态硬盘的生产厂商，如三星、闪迪、影驰、金士顿、希捷、Intel、金速、金泰克等，用户可以有更多的选择，下面介绍几款主流的固态硬盘产品。

（1）三星SSD 850EVO

三星SSD 850EVO固态硬盘是三星针对入门级装机用户和高性价比市场推出的全新产品，包括120GB、250GB、500GB和1TB四种容量规格，其沿用了三星经典的MGX主控芯片，存储颗粒升级为全新3D V-NAND立体排布闪存，有效提升了硬盘的整体运作效率，在数据读写速度、硬盘寿命等方面有着明显的进步，是目前入门级装机用户最佳的装机硬盘之一。

（2）浦科特（PLEXTOR）M6S系列

浦科特M6S是一款口碑较好且备受关注的硬盘产品，包括128GB、256GB、512GB三种容量规格。该系列产品体积轻薄，坚固耐用，采用Marvell 88SS9188主控芯片，拥有双核心特性，拥有容量客观的独立缓存，能够有效提升数据处理的效率，更好地应对随机数据读写整合。东芝高速Toggle-model快闪记忆体，让硬盘具备了更低的功耗以及更快的数据传输速度。

（3）金士顿V300系列

金士顿V300系列经典的固态硬盘产品，包括60GB、120GB、240GB和480GB四种容量规格。该系列产品采用金属感很强的铝合金外壳、SandForce的SF2281主控芯片、镁光20nm MLC闪存颗粒，支持SATA3.0 6Gbit/s接口，最大持续读写速度都能达到450MB/s。

（4）饥饿鲨（OCZ）Arc 100苍穹系列

OCZ Arc 100是针对入门级用户推出硬盘产品，包括120GB、240GB和480GB三种容量规格，该系列采用2.5英寸规格打造，金属材质7mm厚度的外观特点让硬盘能够更容易应用于笔记本平台，SATA3.0接口让硬盘的数据传输速度得到保障。品牌独享的"大脚3"主控芯片不仅具备良好的数据处理能力，更让硬盘拥有了独特的混合工作模式，使其效率更高。

除了上面的几种主流的产品外，用户还可以根据自己的需求挑选其他同类产品，选择适用自己的固态硬盘。

2.4.4 机械硬盘的选购技巧

硬盘主要用来存储操作系统、应用软件等各种文件，具有速度快、容量大等特点。用户在选购硬盘时，应该根据所了解的技术指标进行选购，同时还应该注意辨别硬盘的真伪。不一定买最贵的，适合自己的才是最佳选择。在选购机械硬盘时应注意以下几点。

1．硬盘转速

选购硬盘先从转速入手。转速即硬盘电机的主轴转速，它是决定硬盘内部传输率的因素之一，它的快慢在很大程度上决定了硬盘的速度，同时也是区别硬盘档次的重要标志。较为常见的如5400r/min、5900r/min、7200r/min和1000r/min的硬盘，如果你只是普通家用电脑用户，从性能和价格上来讲，7200r/min可以作为首选，其价格相差并不多，但却能以小额的支出，带来更好的性能体验。

2．硬盘的单碟容量

硬盘的单碟容量是指单片碟所能存储数据的大小，目前市面上主流硬盘的单碟容量主要是500GB、1TB和2TB。一般情况下，一块大容量的硬盘是由几张碟片组成的。单碟上的容量越大代表扇区间的密度越大，硬盘读取数据的速度也越快。

3．接口类型

现在硬盘主要使用SATA接口，如SCSI、Fibre Channel（光纤）、IEEE 1394、USB等接口，但对于一般用户并不适用。因此用户只需考虑SATA接口的两种标准，一种是SATA 2.5标准，传输速率达到3Gbit/s，最为普遍，价格低；另一种是SATA 3标准，传输速率达到6Gbit/s，价格较高。

4．缓存

大缓存的硬盘在存取零碎数据时具有非常大的优势，将一些零碎的数据暂存在缓存中，既可以减小系统的负荷，又能提高硬盘数据的传输速度。

5．硬盘的品牌

目前市场上主流的硬盘厂商基本上是希捷、西部数据，不同品牌在许多方面存在很大的差异，用户应该根据需要购买适合的品牌。

6．质保

由于硬盘读写操作比较频繁，所以返修问题很突出。一般情况下，硬盘提供的保修服务是三年质保，再者硬盘厂商都有自己的一套数据保护技术及震动保护技术，这两点是硬盘的稳定性及安全性方面的重要保障。

7．识别真伪

首先，查看硬盘的外包装，正品的硬盘在包装上都十分精美、细致。除此之外，在硬盘的外包装上会标有防伪标识，通过该标识可以辨别真伪。而伪劣产品的防伪标识做工粗糙。在辨别真伪时，刮开防伪标签即可辨别。其次，选择信誉较好的销售商，这样才能有更好的售后服务。

最后，上网查询硬盘编号，登录到所购买的硬盘品牌的官方网站，输入硬盘上的序列号即可知道该硬盘的真伪。

2.4.5 固态硬盘的选购技巧

由于固态硬盘和机械硬盘的构件组成和工作原理都不相同，因此选购事项也有所不同，其主要概括为以下几点。

1. 容量

对于固态硬盘，存储容量越大，内部闪存颗粒和磁盘阵列也越多，因此不同的容量其价格也是相差较多的，并不像机械硬盘有较高的性价比，因此需要根据自己的需求，考虑使用多大的容量。常见的容量有60GB、120GB、240GB等。

2. 用途

由于固态硬盘低容量高价格的特点，主要用作系统盘或缓存盘，很少有人用作存储盘，如果没有太多预算的话，建议采用"SSD硬盘+HDD硬盘"的方式，SSD作为系统主硬盘，传统硬盘作为存储盘即可。

3. 传输速度

影响SSD传输速度，主要在于硬盘的外部接口，是采用SATA 2还是SATA 3，SATA 3的持续传输率普遍在500MB/s以上，SATA 2的普遍在250MB/s左右，价格方面，SATA 3也更高些。

4. 主板

虽然，SATA 3可以带来更好的传输速度，但在选择主板方面，也应同时考虑主板是否支持SATA 3接口，否则即便是SATA 3也无法达到理想的效果。另外，在选择数据传输线时，也应选择SATA 3标准的数据线。

5. 品牌

固态硬盘的核心是闪存芯片和主控制器，我们在选择SSD硬盘时，首先要考虑主流的大品牌，如三星、闪迪、影驰、金士顿、希捷、Intel、金速、金泰克等，切勿贪图便宜，选择一些山寨的产品。

6. 固件

固件是固态硬盘最底层的软件，负责集成电路的基本运行、控制和协调工作，因此即便相同的闪存芯片和主控制器，不同的固件也会导致不同的差异。在选择时，尽量选择有实力的厂商，可以对固件及时更新并提供技术支持。

除了上面的几项内容外，用户在选择时同样要注意产品的售后服务和真伪的辨识。

2.5 显卡

本节视频教学时间 / 23分钟

显卡也称图形加速卡，它是电脑内主要的板卡之一，其基本作用是控制电脑的图形输出。由于工作性质不同，不同的显卡提供了不同的功能。

DisplayPort 接口

电源插座

散热片

HDMI 接口

散热风扇

DVI 信号线接口

PCI-E 接口及金手指

2.5.1 显卡的分类

目前，电脑中用的显卡一般有3种，分别为：集成显卡、独立显卡和核芯显卡。

1.集成显卡

集成显卡是将显存、显示芯片及其相关电路都做在主板上，集成显卡的显示芯片有单独的，但大部分都集成在主板的芯片中。一些主板集成的显卡也在主板上单独安装了显存，但其容量较小。集成显卡的显示效果与处理性能相对较弱，不能对显卡进行硬件升级，但可以通过CMOS调节频率或刷入新的BIOS文件，实现软件升级以此来挖掘显示芯片的潜能。

2.独立显卡

独立显卡是指将显示芯片、显存及其相关电路单独做在一块电路板上，自成一体而作为一块独立的板卡存在，它需占用主板的扩展插槽（ISA、PCI、AGP或PCI-E）。

3.核芯显卡

核芯显卡是新一代图形处理核心，和以往的显卡设计不同，融合了在处理器制程上的先进工艺以及新的架构设计，将图形核心与处理核心整合在同一块基板上，构成一颗完整的处理器，支持睿频加速技术，可以独立加速或降频，并共享三级高速缓存，这不仅大大缩短了图形处理的响应时间、大幅度提升渲染性能，还能在更低功耗下实现同样出色的图形处理性能和流畅的应用体验。AMD的带核芯显卡的处理器为APU系列，如A8、A10等，Intel带核芯显卡的处理器有Broadwell、Haswell、sandy bridge（SNB）、Trinity和ivy bridge（IVB）架构，如i3 4160、i5 4590、i7 4790K。

2.5.2 显卡的性能指标

显卡的性能指标主要有以下几个。

1. 显示芯片

显示芯片，就是我们说的GPU，是图形处理芯片，负责显卡的主要计算工作，主要厂商为NVIDIA公司的N卡、AMD（ATI）公司的A卡。一般娱乐型显卡都采用单芯片设计的显示芯片，而高档专业型显卡的显示芯片则采用多个芯片设计。显示芯片的运算速度快慢决定了一块显卡性能的优劣。3D显示芯片与2D显示芯片的不同在于3D添加了三维图形和特效处理功能，可以实现硬盘加速功能。

2. 显卡容量

显卡容量也叫显示内存容量，是指显示卡上的显示内存的大小。一般我们常说的1GB、2GB就是显卡容量，主要功能是将显示芯片处理的资料暂时储存在显示内存中，然后再将显示资料映像到显示屏幕上，因此显卡的容量越高，达到的分辨率就越高，屏幕上显示的像素点就越多。

3. 显存位宽

显卡位宽指的是显存位宽，即显存在一个时钟周期内所能传送数据的位数，一般用"bit"表示，位数越大则瞬间所能传输的数据量越大，这是显存的重要参数之一。显存位宽越高，性能越好，价格也就越高，因此256bit的显存更多应用于高端显卡，而主流显卡基本都采用128bit显存。

4. 显存频率

显存频率是指显示核心的工作频率，以MHz（兆赫兹）为单位，其工作频率在一定程度上可以反映出显示核心的性能，显存频率随着显存的类型、性能的不同而不同，不同显存能提供的显存频率差异也很大，中高端显卡显存频率主要有1600MHz、1800MHz、3800MHz、4000MHz、4200MHz、5000MHz、5500MHz等，甚至更高。

5. 显存速度

显存速度指显存时钟脉冲的重复周期的快慢，其作为衡量显存速度的重要指标，以ns（纳秒）为单位。常见的显存速度有7ns、6ns、5.5ns、5ns、4ns、3.6ns、2.8ns以及2.2ns等。数字值越小说明显存速度越快，显存的理论工作频率计算公式是：额定工作频率（MHz）＝1000/显存速度×2（DDR显存），如4ns的DDR显存，额定工作频率＝1000/4×2＝500MHz。

6. 封装方式

显存封装是指显存颗粒所采用的封装技术类型，封装就是将显存芯片包裹起来，以避免芯片与外界接触，防止外界对芯片的损害。显存封装形式主要有QFP（小型方块平面封装）、TSOP（微型小尺寸封装）和MBGA（微型球闸型阵列封装）等，目前主流显卡主要采用TSOP、MBGA封装方式，其中TSOP使用最多。

7. 显存类型

目前，常见的显存类型主要包括GDDR2、GDDR3、SDDR3和GDDR5四种，目前主流是GDDR3和GDDR5。GDDR2显存，主要被地段显卡产品采用，采用BGA封装，速度从3.7ns到2ns不等，默认频率为500MHz~1000MHz；GDDR3主要继承了GDDR2的特性，但进一步优化了数据速率和功耗；而SDDR3显存颗粒和GDDR3内存颗粒一样，都是8bit预取技术，单颗16bit的位宽，主要采用64Mx16Bit和32Mx16Bit规格，比GDDR3显存颗粒拥有更大的单颗容量；GDDR5为一种高性能显卡用内存，理论速度是GDDR3的4倍以上，而且它的超高频率可以使128bit的显卡性能超过GDDR3的256bit显卡。

8.接口类型

当前显卡的总线接口类型主要是PCI-E。PCI-E接口的优点是带宽可以为所有外围设备共同使用。AGP类型也称图形加速接口，它可以直接为图形分支系统的存储器提供高速带宽，大幅度提高了电脑对3D图形的处理速度和信息传递速度。目前PCI-E接口主要分为PCI Express 2.0 16X、PCI Express 2.1 16X和PCI Express 3.0 16X 3种，其主要区别是数据传输率，3.0 16X最高可达16GB/s，其次是总线管理和容错性等。

9.分辨率

分辨率代表了显卡在显示器上所能描绘的点的数量，一般以横向点乘纵向点来表示，如分辨率为1920像素×1084像素时，屏幕上就有2081280个像素点，通常显卡的分辨率包括：1024×768、1152×864、1280×1024、1600×1200、1920×1084、2048×1536、2560×1600等。

2.5.3 显卡的主流产品

目前显卡的品牌也有很多，如影驰、七彩虹、索泰、MSI微星、镭风、ASL翔升、技嘉、蓝宝石、华硕、铭瑄、映众、迪兰、XFX讯景、铭鑫、映泰等，但是主要采用的是NVIDIA和AMD显卡芯片，下面首先介绍下两大公司主流的显卡芯片型号。

公司/档次	低端入门级	中端实用级	高端发烧级
NVIDIA公司	GT740、GT730、GT720、GT640、GT630、GT610、G210	GTX960、GTX750Ti、GTX750、GTX660、GTX650Ti Boost、GTX650Ti、GTX650	GTX980、GTX970、GTX960GTX Titan Black、GTX TitanZ、GTX Titan X、GTX Titan、GTX780Ti、GTX780、GTX770、GTX760
AMD公司	R7 240、R7 250、R9 270	R9 280X、R7 260X、HD7850、HD7750、HD7770	R9 295X2、R9 290X、R9 290、R9 280X、R9 285、R9 280、R9 270X、HD7990、HD7970、HD7950、HD7870

上表展示了不同档次的显卡芯片，对于我们挑选合适的显卡是极有帮助的，下面介绍几款主流显卡供读者参考。

1.影驰GT630虎将D5

影驰GT630虎将D5属于入门级显卡，拥有一定的游戏性能，且性价比较高。其搭载了GDDR5高速显存颗粒，组成了1024M/128bit的显存规格，核心显存频率为810Mz/3100MHz，采用了40nm制程的NVIDIA GF108显示核心，支持DX11特效，整合PhysX物理引擎，支持物理加速功能，内置7.1声道音频单元，独有PureVideo HD高清解码技术，能够轻松实现高清视频的硬件解码。

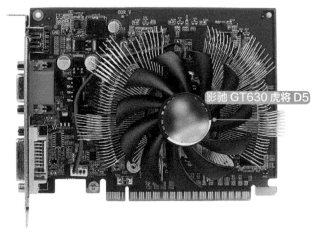

影驰 GT630 虎将 D5

2. 七彩虹iGame 750 烈焰战神U-Twin-1GD5

七彩虹iGame750烈焰战神U-Twin-1GD5显卡利用最新的28nm工艺Maxwell架构的GM107显示核心，配备了多达512个流处理器，支持NVIDIA最新的GPU Boost技术，核心频率动态智能调节尽最大可能发挥芯片性能，而又不超出设计功耗，1G/128bit GDDR5显存，默认频率5000MHz，为核心提供80GB/s的显存带宽，轻松应对高分辨率高画质的3D游戏。具有一体式散热模组+涡轮式扇叶散热器，并通过自适应散热风扇风速控制使散热做到动静皆宜。接口部分，iGame750 烈焰战神U-Twin-1GD5 V2提供了DVI+DVI+miniHDMI的全接口设计，并首次原生支持三屏输出，轻松搭建3屏3D Vsion游戏平台，为高端玩家提供身临其境的游戏体验。

七彩虹 iGame 750 烈焰战神 U-Twin-1GD5

3. 影驰GTX960黑将

影驰GTX960黑将采用了最新的28nm麦克斯韦GM206核心，拥有1024个流处理器 ，搭载极速的显存，容量达到2GB，显存位宽为128Bit，显存频率则达到了7GHz。影驰GTX960黑将的基础频率为1203MHz，提升频率为1266MHz，设计方面，其背面安装了一块铝合金背板，整块背板都进行了防导电处理，不仅能够有效保护背部元件，而且能够有效减少PCB变形弯曲情况的发生。背板后有与显卡PCB对应的打孔，在保护显卡之余，还能大幅提升显卡散热。接口部分，采用DP/HDMI/DVI-D/DVI-I的全接口设计，支持三屏NVIDIA Surround和四屏输出。

4.迪兰R9 280 酷能 3G DC

迪兰R9 280 酷能 3G DC属于发烧级显卡，具有非常出色的游戏表现性，使用的是GCN架构配合28nm制造工艺的核心设计，搭载3072MB超高显存容量以及384bit位宽设计，完美支持DirectX 11.2游戏特效、CrossFire双卡交火、支持ATIPowerplay自动节能等技术，可以满足各类游戏玩家需求。散热方面，采用双风扇散热系统，噪音更低、散热性能更强。接口方面，采用了DVI + HDMI + 2xMini DisplayPort的输出接口组合，可以输出4096 x 2160的最高分辨率。

5.微星（MSI）GTX 970 GAMING 4G

微星（MSI）GTX 970 GAMING 4G是微星专为游戏玩家打造的超公版显卡，基于Maxwell架构设计以及28nm制造工艺，配备了GM204显示核心，内置1664个流处理器，并配备256bit/4GB的高规格显存，轻松提供流畅高特效游戏画面，并且全面支持DX12特效显示。供电方面采用6+2相供电设计，为显卡超频能力提供了强有力的保障。散热方面，采用全新的第五代Twin Frozr双风扇散热系统，为显卡提供了强大的散热效果。接口方面，采用了DVI-I + DVI-D + HDMI + DP的视频输出借口组合，可以满足玩家组建单卡多屏输出的需求。整体来看，对于追求极致的用户，是一个不错的选择。

微星（MSI）GTX 970 GAMING 4G

2.5.4 显卡的选购技巧

显卡是电脑中既重要又特殊的部件，因为它决定了显示图像的清晰度和真实度，并且显卡是电脑配件中性能和价格差别最大的部件，便宜的显卡只有几十元，昂贵的则价格高达几千元。其实，对于显卡的选购还是有着许多的小技巧可言，这些技巧无疑能够帮助用户们更进一步地挑选到合适的产品，下面介绍下选购显卡的技巧。

1. 根据需要选择

实际上，挑选显卡系列非常简单，因为无论是AMD还是NVIDIA，针对不同的用户群体，都有着不同的产品线与之对应。根据实际需要确定显卡的性能及价格，如用户仅仅喜爱看高清电影，只需要一款入门级产品。如果仅满足一般办公的需求，采用中低端显卡就足够了。而对于喜爱游戏的用户来说，中端甚至更为高端的产品无疑才能够满足需求。

2. 查看显卡的字迹说明

质量好的显卡，其显存上的字迹即使已经磨损，但仍然可以看到刻痕。所以，在购买显卡时可以用橡皮擦擦拭显存上的字迹，看看字体擦过之后是否还存在刻痕。

3. 观察显卡的外观

显卡采用PCB板及各种线路的分布的制造工艺。一款好的显卡用料足，焊点饱满，做工精细，其PCB板、线路、各种元件的分布比较规范。

4. 软件测试

通过测试软件，可以大大降低购买到伪劣显卡的风险。安装公版的显卡驱动程序，然后观察显卡实际的数值是否和显卡标示的数值一致，如不一致就表示此显卡为伪劣产品。另外，通过一些专门的检测软件检测显卡的稳定性，劣质显卡显示的画面就有很大的停顿感，甚至造成死机。

5. 查看主芯片防假冒

在主芯片方面，有的杂牌利用其他公司的产品及同公司低档次芯片来冒充高档次芯片。这种方法比较隐蔽，较难分别，只有察看主芯片有无打磨痕迹，才能进行区分。

2.6 显示器

本节视频教学时间 / 12分钟

显示器是用户与电脑进行交流的必不可少的设备，显示器到目前为止概念上还没有统一的说法，但对其认识却大都相同，顾名思义它应该是将一定的电子文件通过特定的传输设备显示到屏幕上再反射到人眼的一种显示工具。

2.6.1 显示器的分类

显示器根据不同的划分标准，可分为多种类型。本节从两方面划分显示器的类型。

1. 按尺寸大小分类

按尺寸大小将显示器分类是最简单主观的，常见的显示器尺寸可分为19英寸、20英寸、21英寸、22英寸、23英寸、23.5英寸、24英寸、27英寸等，以及更大的显示屏，现在市场上主要以22英寸和24英寸为主。

2. 按显示技术分类

按显示技术可将显示器分为液晶显示器（LCD）、离子电浆显示器（PDP）、有机电发光显示器（DEL）3类。目前液晶显示器（LCD）在显示器中是主流。

2.6.2 显示器的性能指标

不同的显示器在结构和技术上不同，所以它们的性能指标参数也有所区别。在这里我们就以液晶显示器为例介绍其性能指标。

1. 点距

点距一般是指显示屏上两个相邻同颜色荧光点之间的距离。画质的细腻度就是由点距来决定的，点距间隔越小，像素就越高。22英寸LCD显示器的像素间距基本都为0.282mm。

2. 最佳分辨率

分辨率是显示器的重要的参数之一，当液晶显示器的尺寸相同时，分辨率越高，其显示的画面就越清晰。如果分辨率调的不合理，则显示器的画面会模糊变形。一般17英寸LCD显示器的最佳分辨率为1024像素×768像素，19英寸显示器的最佳分辨率通常为1440像素×900像素，更大尺寸显示器拥有更大的最佳分辨率。

3. 亮度

亮度是指画面的明亮程度。亮度较高的显示器画面常常会令人感觉不适，一方面容易引起视觉疲劳，一方面也使纯黑与纯白的对比度降低，影响色阶和灰阶的表现。因此提高显示器亮度的同时，也要提高其对比度，否则就会出现整个显示屏发白的现象。亮度均匀与否，和背光源与反光镜的数量与配置方式息息相关，品质较佳的显示器，画面亮度均匀，柔和不刺目，无明显的暗区。

4. 对比度

液晶显示器的对比度实际上就是亮度的比值，即显示器的亮区与暗区的亮度之比。显示器的对比度越高，显示的画面层次感就越好。目前主流液晶显示器的对比度大多集中在400:1至600:1的水平上。

5. 色彩饱和度

液晶显示器的色彩饱和度是用来表示其色彩的还原程度的。液晶每个像素由红、绿、蓝（RGB）子像素组成，背光通过液晶分子后依靠RGB像素组合成任意颜色光。如果RGB三原色越鲜艳，那么显示器可以表示的颜色范围就越广。如果显示器三原色不鲜艳，那么这台显示器所能显示的颜色范围就比较窄，因为其无法显示比三原色更鲜艳的颜色，目前最高标准为72%NTSC。

6. 可视角度

指用户可以从不同的方向清晰地观察屏幕上所有内容的角度。由于提供LCD显示器显示的光源经折射和反射后输出时已有一定的方向性，超出这一范围观看就会产生色彩失真现象，CRT显示器不会有这个问题。目前市场上出售的LCD显示器的可视角度都是左右对称的，但上下就不一定对称了。

2.6.3 显示器的主流产品

显示器品牌有很多种，在液晶显示器品牌中，三星、LG、华硕、明基、AOC、飞利浦、长城、优派、HKC等是市场中较为主流的品牌。

1. 明基（BenQ） VW2245Z

明基VW2445Z是一款21.5英寸液晶显示器，外观方面采用了主流的钢琴烤漆黑色外观，4.5毫米超窄边框设计，显示器厚度仅有17mm，十分轻薄。面板方面采用VA面板，无亮点而且漏光少，上下左右各178°超广视角，不留任何视觉视角。该显示器最大特点是不闪屏，滤蓝光，可以在任何屏幕亮度下不闪烁，而且可以过滤有害蓝光，保护眼睛，对于长久电脑作业的用户，是一个不错的选择。

2. 三星（SAMSUNG） S24D360HL

三星 S24D360HL是一款23.6英寸LED背光液晶显示器，外观方面采用塑料材质，搭配白色设计，配以青色的贴边，十分时尚。面板方面，采用三星独家的PLS广视角面板，确保屏幕透光率更高，更加透亮清晰，屏幕比例为16:9，支持178/178°可视角度和LED背光功能，可以提供1920×1080最佳分辨率，1000:1静态对比度和100万:1动态对比度，5ms灰阶响应时间，并提供了HDMI和D-Sub双接口，是一款较为实用的显示器。

3. 戴尔（DELL）P2314H

　　戴尔 P2314H是一款23英寸液晶显示器，外观方面采用黑色磨砂边框，延续了戴尔极简的商务风格，面板采用LED背光和IPS技术，支持1920×1080全高清分辨率的16:9显示屏，拥有2 000 000：1的高动态对比度与86%的色域，8ms响应时间，178°的超广视角，确保了全高清的视觉效果。另外，该显示器采用专业级的"俯仰调节+左右调节+枢轴旋转调节"功能，在长文本及网页阅读、竖版照片浏览、多图表对比等应用上拥有宽屏无以比拟的优势，同时也能实现多连屏，也属于性价比较高的"专业性"屏幕。

4. SANC G7 Air

SANC G7 Air采用27英寸的苹果屏，是一款专为竞技爱好者设计的显示器。外观方面采用超轻薄的设计，屏幕最薄处仅为8.8mm，土豪香槟金铝合金支架，更具现代金属质感。面板方面采用AH-IPS面板，最佳分辨率为2560×1440像素，黑白响应时间为5ms，拥有10.7亿的色数，178°超广视角，满足游戏玩家对丰富色彩的要求，临场感十足。

2.6.4 显示器的选购技巧

选购显示器要分清其用途，以实用为主。

（1）就日常上网浏览网页而言，一般的显示器就可以满足用户。普通液晶与宽屏液晶各有优势，总体来说，在图片编辑应用上，使用宽屏液晶更好，而在办公文本显示应用上，普通液晶的优势更大。

（2）就游戏应用而言，对于准备购买液晶的朋友来说宽屏液晶是不错的选择，它拥有16:9的黄金显示比例，在支持宽屏显示的游戏中优势是非常明显的，它比传统4:3屏幕的液晶更符合人体视觉舒适性，并且相信以后推出的大多数游戏都会提供宽屏显示，那时宽屏液晶可以获得更好的应用。

2.7 电源

本节视频教学时间 / 5分钟

在选择电脑时，我们往往只注重CPU、主板、硬盘、显卡、显示器等产品，但常常忽视了电源的重要作用。一颗强劲的CPU会带着我们在复杂的数码世界里飞速狂奔，一块很酷的显卡会带我们在绚丽的3D世界里领略那五光十色的震撼，一块很棒的声卡更能带领我们进入那美妙的音乐殿堂。在享受这一切的同时，你是否想到还有一位幕后英雄在为我们默默地工作呢？这就是我将向大家介绍的电源了。熟悉电脑的用户都知道，电源的好与坏直接关系到系统的稳定与硬件的使用寿命。尤其是在硬件升级换代的今天，虽然工艺上的改进可以降低CPU的功率，但同时高速硬盘、高档显卡、高档声卡层出不穷，使相当一部分电源不堪重负。令人欣慰的是，在DIY市场大家越来越重视对电源的选购，那么怎样才能为自己选购一台合适的电源呢？

1. 品牌

目前市场上比较有名的品牌有：航嘉、金河田、游戏悍将、鑫谷、长城机电、百盛、世纪之星以及大水牛等，这些都通过了3C认证，选购比较放心。

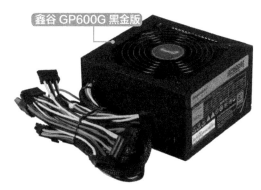

2. 输入技术指标

输入技术指标有输入电源相数、额定输入电压以及电压的变化范围、频率、输入电流等。一般这些参数及认证标准在电源的铭牌上都有明显的标注。

3. 安全认证

电源认证也是一个非常重要的环节，因为它代表着电源达到了何种质量标准。电源比较有名的认证标准是3C认证，它是国家强制性产品认证的简称，将CCEE（长城认证）、CCIB（中国进口电子产品安全认证）和EMC（电磁兼容认证）三证合一。一般的电源都会符合这个标准，若没有，最好不要选购。

4. 功率的选择

虽然现在大功率的电源越来越多，但是并非电源的功率越大越好，最常见的是350W的。一般要满足整台电脑的用电需求，最好有一定的功率余量，尽量不要选小功率电源。

5. 电源重量

通过重量往往能观察出电源是否符合规格，一般来说：好的电源外壳一般都使用优质钢材，材质好、质厚，所以较重的电源，材质都较好。电源内部的零件，比如变压器、散热片等，同样是重的比较好。好电源使用的散热片应为铝制甚至铜制的散热片，而且体积越大散热效果越好。一般散热片都做成梳状，齿越深，分得越开，厚度越大，散热效果越好。基本上，我们很难在不拆开电源的情况下看清散热片，所以直观的办法就是从重量上去判断了。好的电源，一般会增加一些元件，以提高安全系数，所以重量自然会有所增加。劣质电源则会省掉一些电容和线圈，重量就比较轻。

6．线材和散热孔

电源所使用的线材粗细，与它的耐用度有很大的关系。较细的线材，长时间使用，常常会因过热而烧毁。另外电源外壳上面或多或少都有散热孔，电源在工作的过程中，温度会不断升高，除了通过电源内附的风扇散热外，散热孔也是加大空气对流的重要设施。原则上电源的散热孔面积越大越好，但是要注意散热孔的位置，位置放对才能使电源内部的热气及早排出。

2.8 机箱

本节视频教学时间 / 4分钟

机箱是电脑的外衣，是电脑展示的外在硬件，它是电脑其他配件的保护伞。所以在选购机箱时要注意以下几点。

1．注意机箱的做工

组装电脑避免不了装卸硬盘、拆卸显卡，甚至搬运机箱的动作，如果机箱外层与内部之间的边缘有不圆滑切口，那么就很容易划伤自己。机箱面板的材质是很重要的。前面板大多采用工程塑料制成，成分包括树脂基体、白色填料（常见的乳白色前面板）、颜料或其他颜色填充材料（有其他色彩的前面板）、增塑剂、抗老化剂等。用料好的前面板强度高，韧性大，使用数年也不会老化变黄；而劣质的前面板强度很低，容易损坏，使用一段时间就会变黄。

2．机箱的散热性

机箱的散热性能是我们必须要仔细考核的一个重点，如果散热性能不好的话，会影响整台电脑的稳定性。现在的机箱散热最常见的是利用风扇散热，因其制冷直接、价格低廉，所以被广泛应用。选购机箱要看其尺寸大小，特别是内部空间的大小。另外，选择密封性比较好的机箱，不仅可以保证机箱的散热性，还可以屏蔽掉电磁辐射，减少电脑辐射对人的伤害。

3．注意机箱的安全设计

机箱材料是否导电，关系到机箱内部的电脑配件是否安全。如果机箱材料是不导电的，那么产生的静电就不能由机箱底壳导到地下，严重的话会导致机箱内部的主板等烧坏。冷镀锌电解板的机箱导电性较好，涂了防锈漆甚至普通漆的机箱，导电性是不过关的。

4．注重外观，忽略兼容性

机箱各式各样，很多用户喜欢选择外观好看的，往往忽略机箱的大小和兼容性，如选择标准的ATX主板，mini机箱不支持；选择中塔机箱，很可能要牺牲硬盘位以支持部分高端显卡，因此综合考虑自己的需求，选择一个符合要求的机箱。

以下是金河田21+预见N-6雅典白机箱外部及内部构造。

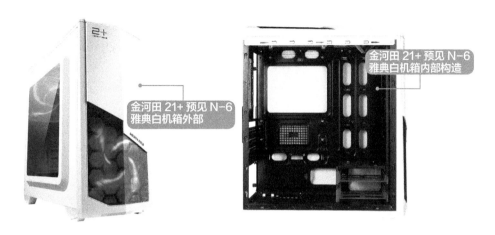

金河田 21+ 预见 N-6
雅典白机箱内部构造

金河田 21+ 预见 N-6
雅典白机箱外部

2.9 鼠标和键盘

本节视频教学时间 / 7分钟

键盘和鼠标是电脑中重要的输入设备，是必不可少的，而它们的好坏影响着电脑的输入效率。

2.9.1 鼠标

鼠标是电脑输入设备的简称，分为有线和无线两种。

鼠标按其工作原理及其内部结构的不同可以分为机械式、光机式和光电式。目前，最常用的鼠标类型是光电式鼠标。它是通过内部的一个发光的二级管发出光线，光线折射到鼠标接触的表面，然后反射到一个微成像器上。

鼠标按照连接方式主要分为有线鼠标、无线鼠标等。有线鼠标的优点是稳定性强、反应灵敏，但便携性差，使用距离受限；无线鼠标的优点是便于携带、没有线的束缚，但稳定性差，易受干扰，需要安装干电池。

有线鼠标

无线鼠标

一个好的鼠标应当外形美观，按键干脆，手感舒适，滑动流畅，定位精确。

手感好就是用起来舒适，这不但能提高工作效率，而且对人的健康也有影响，不可轻视。

① 手感方面

好的鼠标手握时感觉舒适且与手掌贴合，按键轻松有弹性，滑动流畅，屏幕指标定位精确。

② 就不同用户而言

普通用户往往对鼠标灵敏度要求不太高，主要看重鼠标的耐用性；游戏玩家用户注重鼠标的灵敏性与稳定性，建议选用有线鼠标；专业用户注重鼠标的灵敏度和准确度；普通的办公应用和上网冲浪的用户，一只50元左右的光电鼠标已经能很好地满足需要了。

③ 品牌

市场鼠标的种类很多，不同品牌的鼠标质量、价格不尽相同，在购买时要优先选择口碑好的品牌，那样质量、服务有保证。

④ 使用场合

一般情况下，有线鼠标适用于家庭和公共场合。而无线鼠标并不适用于公共场合，体积小，丢失不易寻找，在家中使用可以保证桌面整洁，不会有太多连接线，经常出差的携带无线鼠标较为方便。

2.9.2 键盘

键盘在电脑使用中，主要用于数据和命令的输入，如可以输入文字、字母、数字等，也可以通过某个按键或组合键执行操作命令，如按【F5】键，可以刷新屏幕页面，按【Enter】键，执行确定命令等，因此它的手感好坏影响操作是否顺手。

常见的键盘主要可分为机械式和电容式两类，现在的键盘大多都是电容式键盘。键盘如果按其外形来划分又有普通标准键盘和人体工学键盘两类。按其接口来分主要有PS/2接口（小口）、USB接口以及无线键盘等种类的键盘。在选购键盘时，可根据以下几点进行选购。

日常使用的电容式键盘

游戏专用的机械键盘

（1）键盘触感

好的键盘在操作时，感觉比较舒适，按键灵活有弹性，不会出现键盘被卡住的情况，更不会有按键沉重、按不下去的感觉。好的触感，可以让我们在使用中得心应手。在购买时，试敲一下，看是否适合自己的使用习惯，是否具有良好的触感。

（2）键盘做工

键盘的品牌繁多，但在品质上赢得口碑的却并不多。双飞燕、罗技、雷柏、精灵、Razer（雷蛇）等品牌，它们在品质上给予了用户保障。一般品质较好的键盘，它的按键布局、键帽大小和曲度合理，按键字符清晰，而一些键盘做工粗糙，按键弹性差，字迹模糊且褪色，没有品牌标识等，影响用户正常使用。

（3）键盘的功能

购买键盘时，应根据自己的需求进行购买。如果用来玩游戏，对键盘的操作性能要求较高，可以购买游戏类键盘；如果用来上网、听音乐、看视频等，可以购买一个多媒体键盘；如果用来办公，购买一般的键盘即可。

2.10 其他常用硬件

本节视频教学时间 / 7分钟

路由器对于绝大多数家庭，已是必不可少的网络设备，尤其是家庭中拥有无线终端设备的，需要无线路由器的帮助才能接入网络，下面介绍如何选购路由器。

（1）关于路由器型号认识

在购买路由器时，会发现标注有300M、450M和600M等，这里的M是Mbit/s（比特率）的简称，是描述数据传输速度的一个单位。理论上，300Mbit/s的网速，每秒传输的速度是37.5MB/s；600Mbit/s的网速，每秒传输的速度是75MB/s，其用公式表示就是每秒传输速度=网速/8。不过对于一般用户来讲，300M的路由器已经足够，主要可以根据网络实际情况选择。

（2）关于路由器分类选择

路由器按照功能分，主要分为有线路由器和无线路由器，如果只是单纯地连接电脑，选择有线的就可以，如果经常使用无线设备，如手机、平板电脑及智能家居设备等，则需要选择无线路由器。按照用途分，主要分为家用路由器和企业级路由器两种，家用路由器一般发射频率较小，接入设备也有限，主要满足家庭需求，而企业级路由器，由于用户较多，其发射频率较大，支持更高的无线带宽和更多用户的使用，而且固件具备更多功能，如端口扫描、数据防毒、数据监控等，当然其价格也较贵。如果是企业用户，建议选择企业级路由器，否则网络会受影响，如网速慢、不稳定、易掉线、设备死机等。

家用无线路由器

企业级无线路由器

另外，路由器也分为普通路由器和智能路由器，其最主要的区别是，智能路由器拥有独立的操作系统，可以实现智能化管理，用户可以自行安装各种应用，自行控制带宽、自行控制在线人数、自行控制浏览网页、自行控制在线时间，而且，智能路由器拥有强大的USB共享功能。如华为、极路由、百度、小米等推出了自己的智能路由器，智能路由器现在也成为时下热点，不过选择普通路由器还是智能路由器，完全根据用户需求，如果用不到智能路由器的功能，就没必要花高价买潮流了。

华为荣耀立方智能无线路由器

极路由智能无线路由器

（3）关于路由器的单频和双频

关于路由器的单频和双频，它指的是一种无线网络通信协议，双频包含802.11n和801.11ac，而单频只有802.11n，单频中802.11n发射的无线频率采用的是2.4GHz频段，而802.11.ac采用的是5Ghz频段，在使用双拼路由器时候会发现，会有两个无线信号，一个是2.4GHz，一个是5GHz，在传输速度方面，5GHz频段的传输速度更强，但是其传输距离和穿墙性能不如2.4GHz，对于一般用户来讲，如果没有支持801.11ac无线设备，选择双频路由器也无法搜索到该频段网络，合适的才是最好的，当然不可否认，5GHz是近段无线网络发展的一个方向。

（4）关于路由器的安全性

由于路由器是网络中比较关键的设备，针对网络存在的各种安全隐患，路由器必须要有可靠性与线路安全性。选购时安全性能是参考的重要指标之一。

（5）关于路由器的控制软件

路由器的控制软件是路由器发挥功能的一个关键环节，从软件的安装、参数自动设置，到软件版本的升级都是必不可少的。软件安装、参数设置及调试越方便，用户就越容易掌握使用方法，就能更好地应用。如今不少路由器已提供APP支持，用户可以使用手机调试和管理路由器，对于初级用户也是很方便的。

技巧1：认识CPU的盒装和散装

在购买CPU时，会发现部分型号中带有"盒"字样，对此一些用户看得也是云里雾绕的，下面就介绍下CPU盒装和散装的区别。

（1）是否带有散热器。CPU盒装和散装的最大区别是，盒装CPU带有原厂的CPU散热器，而散装CPU就没有配带散热器，需要单独购买。

（2）保修时长。盒装和散装CPU在质保时长上是有区别的，通常，盒装CPU的保修期为三年，而散装CPU保修期为一年。

（3）质量。虽然盒装CPU和散装CPU存在是否带散热器和保修时长问题，但是如果都是正品的话，不存在质量差异。

（4）性能。在性能上，同型号CPU，盒装和散装不存在性能差异，是完全相同的。

出现盒装和散装的原因，主要是CPU供货方式不同，供应给零售市场的主要是盒装产品，而给品牌机厂商的主要是散装产品，另外，也和品牌机厂商外泄以及代理商的销售策略有关。

对于用户，选择盒装和散装，主要根据用户需求，一般的用户，选择一个盒装CPU，配备其原装CPU就可以满足使用要求，如果考虑价格的话，也可以选择散装CPU，自行购买一个散热器即可。对于部分发烧友，尤其是超频玩家，CPU发热量过大，就需要另行购买散热器，所以选择散装就比较划算。

技巧2：企业级的路由器选择方案

对于企业级路由器而言，由于终端用户数较多，因此不能选择普通家庭用路由器，这样会造成网速过慢，从而影响工作效率。企业级路由器选购时应注意以下几点。

（1）性能及冗余、稳定性

路由器的工作效率决定了它的性能，也决定了运行时的承载数据量及应用。此外，路由器的软件稳定性及硬件冗余性也是必须考虑的因素，一个完全冗余设计的路由器可以大大提高设备运行中的可靠性，同时软件系统的稳定也能确保用户应用的开展。

（2）接口

企业的网络建设必须要考虑带宽、连续性和兼容性，核心路由器的接口必须考虑在一个设备中可以同时支持的接口类型，比如各种铜芯缆及光纤接口的百兆/千兆以太网、ATM接口和高速POS接口等。

（3）端口数量

选择一款适用的路由器必然要考虑路由的端口数，市场上的选择很多，可以从几个端口到数百个端口，用户必须根据自己的实际需求及将来的需求扩展等多方面来考虑。一般而言，对于中小企业来说，几十个端口即能满足需求；真正重要的是对大型企业端口数的选择，一般都要根据网段的数目先做个统计，并对企业网络今后可能的发展做个预测，然后再做选择，从几十到几百个端口，可以根据需求进行合理选择。

（4）路由器支持的标准协议及特性

在选择路由器时必须要考虑路由器支持的各种开放标准协议，开放标准协议是设备互联的良好前提，所支持的协议则说明设计上的灵活与高效。比如查看其是不是支持完的组播路由协议、是不是支持MPLS、是不是支持冗余路由协议VRRP。此外，在考虑常规IP路由的同时，有些企业还会考虑路由器是否支持IPX、AppleTalk路由。

（5）确定管理方法的难易程度

目前路由器的主流配置有三种，第一种是傻瓜型路由器，它不需要配置，主要用户群是家庭或者SOHO；第二种是采用最简单Web配置界面的路由器，主要用户群是低端中小型企业，因为它面向的是普通非专业人士，所以它的配置不能太复杂；第三种是借助终端通过专用配置线联到路由器端口上做直接配置，这种路由器的用户群是大型企业及专业用户，所以它在设置上要比低端路由器复杂得多，而且现在的高端路由器都采用了全英文的命令式配置，应该由经过专门培训的人士来进行管理、配置。

（6）安全性

由于网络黑客和病毒的流行，网络设备本身的保护和抵御能力也是选择路由器的一个重要因素。路由器本身在使用RADIUS/TACACS+等认证的同时，会使用大量的访问控制列表(ACL)来屏蔽和隔离，用户在选择路由器时要注意ACL的控制。

第 3 章
电脑硬件组装实战

重点导读

本章视频教学时间：22分钟

了解了电脑各部件的原理、性能，并进行相应的选购后，用户可以对选购的电脑配件进行组装。本章主要介绍电脑装机流程，方便广大的电脑用户快速掌握装机的基本技能。

学习效果图

3.1 电脑装机前的准备

本节视频教学时间 / 8分钟

在组装电脑前需要提前做好准备，如备好装机工具、熟悉安装流程及注意事项等，当一切工作都准备完毕，再去组装电脑就轻松多了，具体准备工作如下。

3.1.1 制订组装的配置方案

不同的用户对电脑有不同的需求，如用于办公、娱乐、游戏等，因而它们的硬件也不尽相同。因此，在确定组装电脑之前，需要根据自己的需求及预算，自行制作一个组装的配置方案，下面以组装一个2500商务办公型的电脑为例进行介绍。

商务办公对配置虽然没有过高的要求，但是对机器的稳定性有着较高的要求，否则极容易被影响，因此在电脑硬件选购上，应选择一些有较好口碑、性能稳定的配件进行搭配。那么，我们就可以根据其特性，进行硬件的搭配了，可以设置一下如下的表格，填写硬件信息及价格，具体如下所示。

名称	型号	数量	价格
CPU	英特尔 酷睿 i3 4170	1	¥670
主板	技嘉 B85M-D3V-A	1	¥405
内存	金士顿 DDR3 8G	1	¥210
硬盘	希捷2TB 7200转 64MB SATA3	1	¥430
固态硬盘	金士顿V300	1	¥280
电源	航嘉 冷静王 2.31	1	¥155
显卡/声卡/网卡	集成	–	–
机箱	大水牛 风雅	1	¥115
CPU散热器	酷冷至尊 夜鹰	1	¥35
显示器	明基VW2245	1	¥700
键鼠套装	双飞燕WKM-1000针光键鼠套装	1	¥70
合计			¥2400

同样，用户可以根据此方法，制定自己的电脑配置方案。

3.1.2 必备工具的准备

工欲善其事，必先利其器。在装机前一定要将需要用的工具准备好，这样可以让你轻松完成装机全过程。

1. 工作台

平稳、干净的工作台是必不可少的。需要准备一张桌面平整的桌子，在桌面上铺上一张防静电的桌布，即可作为简单的工作台。

2. 十字螺丝刀

在电脑组装过程中，需要用螺丝将硬件设备固定在机箱内，十字螺丝刀自然是不可少的，建议最好准备带有磁性的十字螺丝刀，这样方便在螺丝掉入机箱内时，将其取出来。

十字螺丝刀

如果螺丝刀没有磁性，可以在螺丝刀中下部绑缚一个磁铁，这样同样可以达到磁性螺丝刀的效果。

3．尖嘴钳

尖嘴钳主要用来拆卸机箱后面材质较硬的各种挡板，如电源挡板、显卡挡板、声卡挡板等，也可以用来夹住一些较小的螺丝、跳线帽等零件。

尖嘴钳

4．导热硅脂

导热硅脂就是俗说的散热膏，是一种高导热绝缘有机硅材料，也是安装CPU时不可缺少的材料。它主要用于填充CPU与散热器之间的空隙，起到较好的散热作用。

导热硅脂

若风扇上带有散热膏，就不需要进行准备。

5．绑扎带

绑扎带主要用来整理机箱内部各种数据线，使机箱更整洁、干净。

绑扎带

3.1.3 组装过程中的注意事项

电脑组装是一个细活，安装过程中容易出错，因此需要格外细致，并注意以下问题。

（1）检查硬件、工具是否齐全

将准备的硬件、工具检查一遍，看其是否齐全，可按安装流程对硬件进行有顺序的排放，并仔细阅读主板及相关部件的说明书，看是否有特殊说明。另外，硬件一定要放在平整、安全的地方，防止发生不小心造成的硬件划伤，或从高处掉落等现象。

（2）防止静电损坏电子元器件

在装机过程中，要防止人体所带静电对电子元器件造成损坏。在装机前需要消除人体所带的静电，可用流动的自来水洗手，双手可以触摸自来水管、暖气管等接地的金属物，当然也可以佩戴防静电手套、防静电腕带等。

（3）防止液体浸入电路

将水杯、饮料等含有液体的器皿拿开，远离工作台，以免液体进入主板，造成短路，尤其在夏天工作时，要防止汗水的滴落。另外，工作环境一定要为一个空气干燥、通风的地方，不可在潮湿的地方进行组装。

（4）轻拿轻放各配件

电脑安装时，不可强行安装，要轻拿轻放各配件，以免造成配件的变形或折断。

3.1.4 电脑组装的流程

电脑组装时，要一步一步地进行操作，下面简单熟悉一下电脑组装的主要流程。如下图所示。

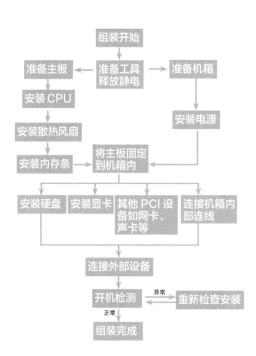

（1）准备好组装电脑所需的配件和工具，并释放身上的静电。

（2）主板及其组件的安装。依次在主板上安装CPU、散热风扇和内存条，并将主板固定在机箱内。

（3）安装电源。将电源安装到机箱内。

（4）固定主板。将主板安装到机箱内。

（5）安装硬盘。将硬盘安装到机箱内，并连接它们的电源线和数据线。

（6）安装显卡。将显卡插入主板插槽，并固定在机箱上。

（7）板接线。将机箱控制面板前的电源开关控制线、硬盘指示灯控制线、USB连接线、音频线接入到主板上。

（8）外部设备的连接。分别将键盘、鼠标、显示器、音箱接到电脑主机上。

（9）电脑组装后的检测。检查各硬件是否安装正确，然后插上电源，看显示器上是否出现自检信息，以验证装机的完成。

3.2 机箱内部硬件的组装

本节视频教学时间 / 10分钟

检查各组装部件，全部齐全后，就可以进行机箱内部硬件的组装了，在将各个硬件安装到机箱内部之前，需要打开机箱盖。

3.2.1 安装CPU和内存

在将主板安装到机箱内部之前，首先需要将CPU安装到主板上，然后安装散热器和内存条。

1. 安装CPU和散热装置

在安装CPU时一定要掌握正确的安装步骤，使散热器与CPU紧密结合，便于CPU散热。

1 打开包装盒

打开包装盒，即可看到CPU和散热装置，散热装置包含有CPU风扇和散热器。

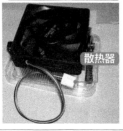

2 放平主板

将主板放在平稳处，在主板上用手按下CPU插槽的压杆，然后往外拉，扳开压杆。

3 安装CPU

拿起CPU，可以看到CPU有一个金三角标志和两个缺口标志，在安装时要与插槽上的三角标志和缺口标志相互对应。

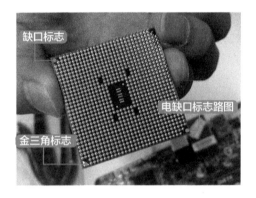

缺口标志

电缺口标志路图

金三角标志

4 注意CPU与插槽安装吻合

将CPU放入插槽中，需要注意CPU的针脚要与插槽吻合。不能用力按压，以免造成CPU插槽上针脚的弯曲甚至断裂。

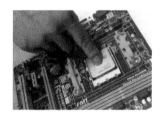

提示　在向CPU插槽中放置CPU时，可以看到插槽的一角有一个小三角形，安装时要遵循三角对三角的原则，避免错误安装。

5 固定CPU

确认CPU安放好后，盖上屏蔽盖，压下压杆，当发出响声时，表示压杆已经回到原位，CPU就被固定在插槽上了。

CPU 安装完成，放下压杆

6 安装散热装置

将CPU散热装置的支架与CPU插槽上的四个孔相对应，垂直向下安装，安装完成使用扣具将散热装置固定。

7 安插电源

将风扇的电源接头插到主板上供电的专用风扇电源插槽上。

风扇电源插槽

8 安装完成

电源插头安装完成之后就完成了CPU和散热装置的安装。

2. 安装内存条

内存插槽位于CPU插槽的旁边，内存是CPU与其他硬件之间通信的桥梁。

1 扳起白色卡扣

找到主板上的内存插槽，将插槽两端的白色卡扣扳起。

2 对应缺口

将内存条上的缺口与主板内存插槽上的缺口对应。

3 插入内存条

缺口对齐之后，垂直向下将内存条插入内存插槽中，并垂直用力在两端向下按压内存条。

4 内存条安装完成

当听到"咔"的声响时，表示内存插槽两端的卡扣已经将内存条固定好，至此，就完成了内存条的安装。

> **提示** 主板上有多个内存插槽，可以插入多条内存条。如需插入多条内存条，按照上面的方法将其他内存条插入内存插槽中即可。

3.2.2 安装电源

在将主板安装至机箱内部之前，可以先将电源安装至机箱内。

1 放置电源

将机箱平放在桌面上，可以看到机箱左上角就是安装电源的地方，然后将电源小心地放置到电源仓中，并调整电源的位置，使电源上的螺丝孔位与机箱上的固定螺孔相对应。

2 电源固定

对齐螺孔后，使用螺丝将电源固定至机箱上，然后拧紧螺丝。

> **提示** 先将螺丝孔对齐，放入螺丝后再用螺丝刀将螺丝拧紧，使电源固定在机箱中。

3.2.3 安装主板

安装完CPU、散热装置和内存条之后就可以将主板安装到机箱内部了。

1 卸下接口挡板

在安装主板之前，首先需要将机箱背部的接口挡板卸下，显示出接口。

2 主板放入机箱

将主板放入机箱。

3 对应接口

放入主板后，要使主板的接口与机箱背部留出的接口位置对应。

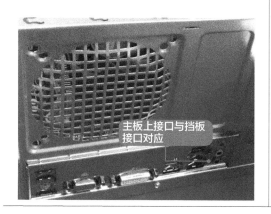

主板上接口与挡板接口对应

4 固定主板

确认主板与定位孔对齐之后，使用螺丝刀和螺丝将主板固定在机箱中。

固定主板

3.2.4 安装显卡

安装显卡主要是指安装独立显卡。集成显卡不需要单独安装。

1 找到显卡插槽

在主板上找到显卡插槽，将显卡金属条上的缺口与插槽上的插槽口相对应，轻压显卡，使显卡与插槽紧密结合。

显卡

显卡卡槽

2 固定显卡

安装显卡完毕，直接使用螺丝刀和螺丝将显卡固定在机箱上。

固定显卡

提示 如同显卡安装办法，将声卡和网卡的挡板去掉，把声卡和网卡分别放置到相应的位置，然后固定好声卡和网卡的挡板，使用螺丝和螺丝刀将挡板固定在机箱上，具体方法不再赘述。

3.2.5 安装硬盘

将主板和显卡安装到机箱内部后，就可以安装硬盘了。

<table>
<tr>
<td>

1 将硬盘由里向外放入机箱的硬盘托架上，并适当地调整硬盘位置。

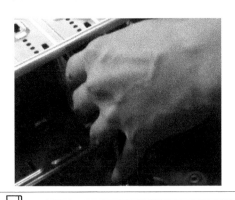

</td>
<td>

2 对齐硬盘和硬盘托架上螺孔的位置，用螺丝将硬盘两个侧面（每个侧面有2个螺孔）固定。

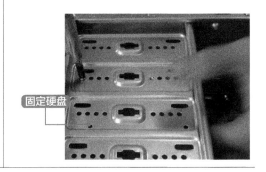

固定硬盘

</td>
</tr>
</table>

> **提示** 现在光驱已经不是配备电脑的必要设备，在配置电脑时，可以选择安装光驱也可以选择不安装光驱。安装光驱时，需要先取下光驱的前挡板，然后将光驱从外向里沿着滑槽插入光驱托架，在其侧面将光驱固定在机箱上，最后使用光驱数据线连接光驱和主板上的IDE接口，并将光驱电源线连接至光驱即可。

3.2.6 连接机箱内部连线

机箱内部有很多各种颜色的连接线，连接着机箱上的各种控制开关和各种指示灯，在硬件设备安装完成之后，就可以连接这些连线。除此之外，硬盘、主板、显卡（部分显卡）、CPU等都需要和电源相连，连接完成，所有设备才能成为一个整体。

1. 主板与机箱内的连接线相连

机箱中大多数的部件都需要和主板相连接。

<table>
<tr>
<td>

1 选择连接线

F_AUDIO连接线插口是连接HD Audio机箱前置面板连接接口的，选择该连接线。

</td>
<td>

2 连接F_AUDIO插口

将F_AUDIO插口与主板上的F_AUDIO插槽相连接。

</td>
</tr>
</table>

3 选择USB连接线

USB连接线有两个，主板上也有两个USB接口，连接线上带有"USB"字样，选择该连接线。

4 标记接口

将USB连接线与主板上的标记有"USB1"的接口相连。

5 标记

电源开关控制线上标记有"POWER SW"，复位开关控制线上标记有"RESET SW"，硬盘指示灯控制线上标记有"H.D.D LED"。

6 连接−HD+"的接口

将标记有"H.D.D LED"的硬盘指示灯控制线与主板上标记有"−HD+"的接口相连。

7 连接"+RST−"接口

将标记有"RESET SW"的复位开关控制线与主板上标记有"+RST−"的接口相连。

8 连接"−PW+"的接口

将标记有"POWER SW"的电源开关控制线与主板上标记有"−PW+"的接口相连。

2. 主板、CPU与电源相连

主板和CPU等部件也需要与电源相连接。

1 选择24针接口

主板电源的接口为24针接口，选择该连接线。

2 电源连接插槽

在主板上找到主板电源线插槽，将电源线接口连接至插槽中。

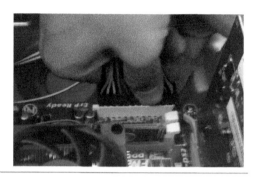

3 选择辅助电源线

选择4口CPU辅助电源线（共2根）。

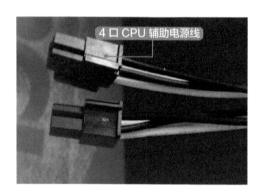

4 插入CPU辅助电源线

选择任意一根CPU辅助电源线，将其插入主板上的4口CPU辅助电源插槽中。

5 选择电源指示灯线

选择机箱上的电源指示灯线。

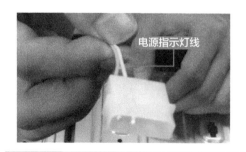

6 连接接口与电源线

将其接口与电源线上对应的接口相连接。

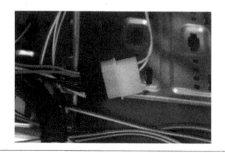

提示

如果主板和机箱都支持USB 3.0，那么需要在接线时，将机箱前端的USB 3.0数据线接入主板中，如下图所示。

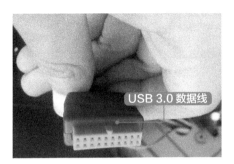

3. 硬盘线的连接

硬盘上线路的连接主要包括硬盘电源线的连接以及硬盘数据线和主板接口的连接。

1 找到电源线

找到硬盘的电源线。

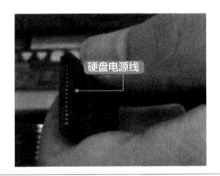

2 连接电源接口

找到硬盘上的电源接口，并将硬盘电源线连接至硬盘电源接口。

3 选择硬盘数据线

选择硬盘SATA数据线。

4 连接至主板

将其一端插入硬盘的SATA接口，另一端连接至主板上的对应的SATA 0接口上。

5 理顺线缆

连接好各种设备的电源线和数据线后，可以将机箱内部的各种线缆理顺，使其相互之间不缠绕，增大机箱内部空间，便于CPU散热。

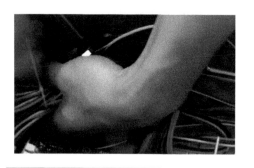

6 完成组装

将机箱后侧面板安装好并拧好螺丝，就完成了机箱内部硬件的组装。

3.3 外部设备的连接

本节视频教学时间 / 2分钟

连接外部设备主要是指连接显示器、鼠标、键盘、网线、音响等基本的外部设备。其主要集中在主机后部面板上，如下图为主板外部接口图。

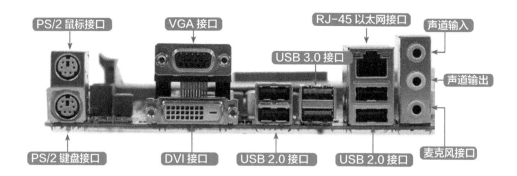

（1）PS/2接口，主要用于连接PS/2接口型的鼠标和键盘。不过部分的主板，保留了一个PS/2接口，仅支持接入一个鼠标或键盘，另外一个需要使用USB接口。

（2）VGA和DVI接口，都是连接显示器用，不过一般使用VGA接口。另外，如果电脑安装了独立显卡，则不使用这两个接口，一般直接接入独立显卡上的VGA接口。

（3）USB接口，可连接一切USB接口设备，如U盘、鼠标、键盘、打印机、扫描仪、音箱等设备。目前，不少主板有USB 2.0和USB 3.0接口，其外观区别是，USB 2.0多采用黑色接口，而USB 3.0多采用蓝色接口。

（4）RJ-45以太网接口，就是连接网线的端口。

（5）音频接口，大部分主板包含了3个插口，包括粉色麦克风接口、绿色声道输出接口和蓝色声道输入接口，另外部分主板音频扩展接口还包含了橙色、黑色和灰色等6个插口，适应更多的音频设备，其接口用途如下表所示。

接口	2声道	4声道	6声道	8声道
粉色	麦克风输入	麦克风输入	麦克风输入	麦克风输入
绿色	声道输出	前置扬声器输出	前置扬声器输出	前置扬声器输出
蓝色	声道输入	声道输入	声道输入	声道输入
橙色	–	–	中置和重低音	中置和重低音
黑色	–	后置扬声器输出	后置扬声器输出	后置扬声器输出
灰色	–	–	–	侧置扬声器输出

了解了各接口的作用后，下面具体介绍连接显示器、鼠标、键盘、网线、音箱等外置设备的步骤。

3.3.1　连接显示器

机箱内部连接后，可以连接显示器。连接显示器的具体操作步骤如下。

1 找到信号线

找到显示器信号线，将一头插到显示器上，并且拧紧两边的螺丝。

2 插入显卡

将显示器信号线插入显卡输入接口，拧紧两边的螺丝，防止接触不好而导致画面不稳。

接口两边的螺丝

3 插入电源线

取出电源线，将电源线的一端插入显示器的电源接口。

电源线

4 完成连接

将显示器的另一端连接到外设电源上，完成显示器的连接。

3.3.2 连接鼠标和键盘

连接好显示器和电源线后，可以开始连接鼠标和键盘。如果鼠标和键盘为PS/2接口，可采用以下步骤连接。

1 插入键盘连接线

将键盘紫色的接口插入机箱后的PS/2紫色插槽口。

2 插入鼠标连接线

使用同样方法将绿色的鼠标接口插入机箱后的绿色PS/2插槽口。

> **提示** USB接口的鼠标和键盘连接方法更为简单，可直接接入主机后端的USB端口。

3.3.3 连接网线、音箱

连接网线、音箱的具体操作步骤如下。

1 连接交换机插槽

将网线的一端插入网槽中，另一端插入与之相连的交换机插槽上。

2 连接音响接口

将音箱的对应的音频输出插头对准主机后I/O接口的音频输出插孔处，然后轻轻插入。

3.3.4 连接主机

连接主机的具体操作步骤如下。

1 连接电源接口

取出电源线，将机箱电源线的楔形端与机箱电源接口相连接。

2 插入外部电源

将电源线的另一端插入外部电源上。

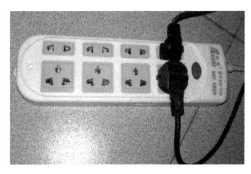

3.4 电脑组装后的检测

本节视频教学时间 / 1分钟

组装完成之后可以启动电脑，检查是否可以正常运行。

1 按下电源开机键

按下电源开机键可以看到电源灯（绿灯）一直亮着，硬盘灯（红灯）不停地闪烁。

2 开机

开机后，如果电脑可以进行主板、内存、硬盘等检测，则说明电脑安装正常。

提 示 | 如果开机后，屏幕没有显示自检字样，且出现黑屏现象，请检查电源是否连接好，然后看内存条是否插好，再进行开机。如果不能检测到硬盘，则需要检查硬盘是否插紧。

 高手私房菜

技巧：电脑各部件在机箱中的位置图

购买到电脑的所有配件后，如果不知道如何布局，可参考各个配件在机箱中的相对位置，如下图所示。

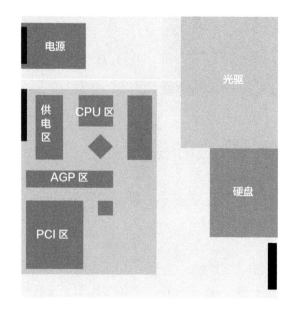

第 **4** 章

BIOS设置与硬盘分区

电脑组装完且能正常开机后，需要在电脑上安装操作系统，才能使用电脑办公和娱乐。在安装电脑操作系统前，首先应对BIOS进行设置，并对硬盘进行分区。本章主要介绍BIOS的设置和硬盘的分区。

学习效果图

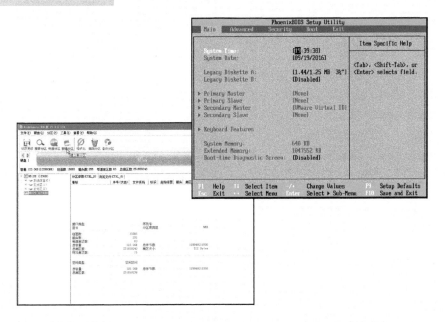

4.1 认识BIOS

用户在使用电脑的过程中，都会接触到BIOS，它在电脑系统中起着非常重要的作用。本节将主要介绍什么是BIOS以及BIOS的作用。

4.1.1 BIOS的基本概念

所谓BIOS，实际上就是电脑的基本输入输出系统（Basic Input Output System），其内容集成在电脑主板上的一个ROM芯片上，主要保存着有关电脑系统最重要的基本输入输出程序、系统信息设置、开机上电自检程序和系统启动自举程序等。

BIOS芯片是主板上一块长方形或正方形芯片。如下图所示。

在BIOS中主要存放了如下内容。

（1）自诊断程序。通过读取CMOS RAM中的内容识别硬件配置，进行自检和初始化。

（2）CMOS设置程序。引导过程中用特殊热键启动，进行设置后存入CMOS RAM中。

（3）系统自举装载程序。在自检成功后将磁盘相对0道0扇区上的引导程序装入内存，让其运行以装入DOS系统。

> 提示
>
> 在MS-DOS操作系统之中，即使操作系统在运行中，BIOS也仍提供电脑运行所需要的各种信息。但是在Windows操作系统中，启动Windows操作系统后，BIOS一般不会再被利用，因为Windows操作系统代替BIOS完成了BIOS运算和驱动器运算的操作。

4.1.2 BIOS的作用

从功能上看，BIOS的作用主要分为如下几个部分。

1．加电自检及初始化

加电自检及初始化用于电脑刚接通电源时对硬件部分的检测，功能是检查电脑是否良好。通常完整的自检将包括对CPU、基本内存、扩展内存、ROM、主板、CMOS存储器、串并口、显示卡、软硬盘子系统及键盘等进行测试，一旦在自检中发现问题，系统将给出提示信息或鸣笛警告。对于严重故障（致命性故障）则停机，不给出任何提示或信号；对于非严重故障则给出提示或声音报警信号，等待用户处理。

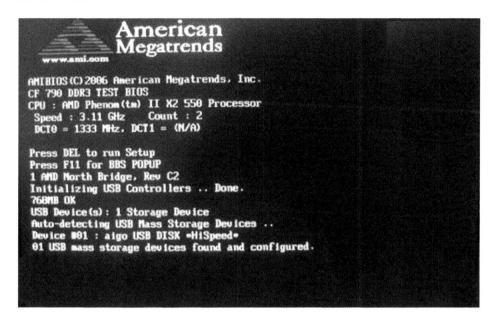

2. 引导程序

在对电脑进行加电自检和初始化完毕后，就需要利用BIOS引导DOS或其他操作系统。这时，BIOS先从软盘或硬盘的开始扇区读取引导记录，若没有找到，则会在显示器上显示没有引导设备。若找到引导记录，则会把电脑的控制权转给引导记录，由引导记录把操作系统装入电脑，在电脑启动成功后，BIOS的这部分任务就完成了。

3. 程序服务处理

程序服务处理指令主要是为应用程序和操作系统服务，为了完成这些服务，BIOS必须直接与电脑的I/O设备打交道，通过端口发出命令，向各种外部设备传送数据以及从这些外部设备接收数据，使程序能够脱离具体的硬件操作。

4. 硬件中断处理

在开机时，BIOS会通过自检程序对电脑硬件进行检测，同时会告诉CPU各硬件设备的中断号。例如视频服务，中断号为10H；屏幕打印，中断号为05H；磁盘及串行口服务，中断号为14H等。当用户发出使用某个设备的指令后，CPU就根据中断号使用相应的硬件完成工作，再根据中断号跳回原来的工作。

4.2 BIOS的常见设置

BIOS设置与电脑系统的性能和效率有很大的关系。如果设置得当，可以提高电脑工作的效率；反之，电脑就无法发挥应有的功能。

4.2.1 进入BIOS

BIOS设置的项目众多，设置也比较复杂，并且非常重要，下面讲述一下BIOS的诸多设置及最优设置方式。进入BIOS设置界面非常简单，但是不同的BIOS有不同的进入方法，通常会在开机画面上有提示，具体有如下3种方法。

（1）开机启动时按热键。常见BIOS设置程序的进入方式如下。

①Award BIOS：按【Del】键或【Ctrl+Alt+Esc】组合键；

②AMI BIOS：按【Del】键或【Esc】键；

③Phoenix BIOS：按【F2】功能键或【Ctrl+Alt+S】组合键。

（2）用系统提供的软件。

（3）用一些可读写CMOS的应用软件。

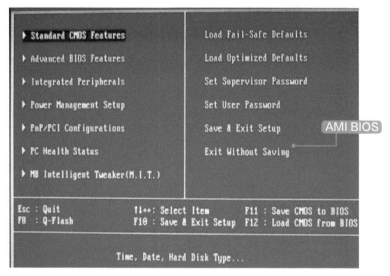

4.2.2 设置日期和时间

BIOS的设置程序目前有各种流行的版本，由于每种设置都是针对某一类或某几类硬件系统，因此会有一些不同，但对于常用的设置选项来说大都相同。

这里以在Phoenix BIOS类型环境下设置为例进行详细介绍。

在BIOS设置日期和时间的具体操作步骤如下。

1 进入BIOS设置界面

在开机时按下键盘上的【F2】键，进入BIOS设置界面，这时光标定位在系统时间上。

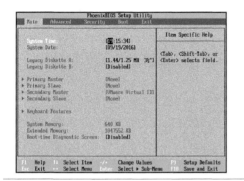

2 定位光标

按下键盘上的【↓】键，将光标定位在系统日期月份上。

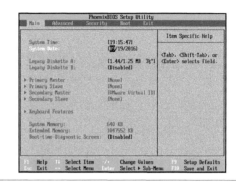

3 设置系统的月份

按键盘上的【Page Up/+】键或【Page Up/-】键，即可设置系统的月份，为1~12。

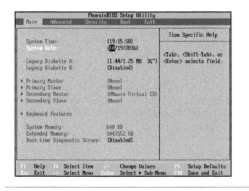

4 定位光标

设置完毕后，按键盘上的【Enter】键，光标将定位在系统日期的日期上。

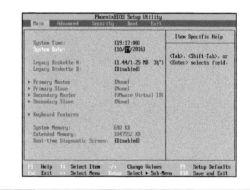

5 设置系统的日期

按键盘上的【Page Up/+】键或【Page Up/-】键，即可设置系统的日期，为1~30或1~31。

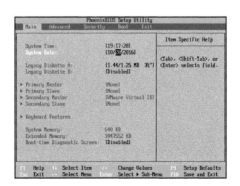

6 定位光标

设置完毕后，按键盘上的【Enter】键，光标将定位在系统日期的年份上。同样，按键盘上的【Page Up/+】键或【Page Up/-】键，设置系统日期的年份。

7 保存日期更改

设置完毕后，按键盘上的【Enter】键或【F10】键，将弹出一个确认修改对话框，选择【Yes】键，再按【Enter】键，即可保存系统日期的更改。

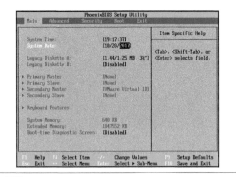

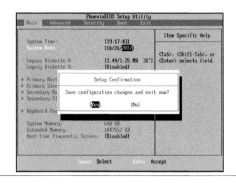

> **提示**　在设置完日期后，通过方向键的上下键切换到时间选项上，以同样的方法可以设置系统的时、分、秒。

4.2.3　设置启动顺序

现在大多数主板在开机时按【Esc】键，可以选择电脑启动的顺序，但是一些稍微老的主板并没有这个功能，不过，可以在BIOS中设置从机器启动的顺序。

1 进入BIOS设置界面

在开机时按键盘上的【F2】键，进入BIOS设置界面。

2 定位光标

按键盘上的【→】键，将光标定位在【Boot】选项卡上。

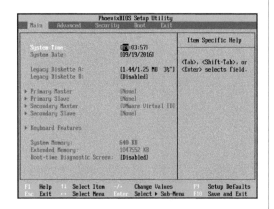

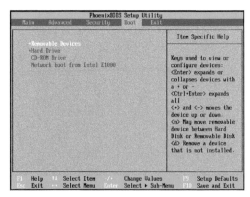

3 移动光标

把光标通过键盘上的上下键移动到【CD-ROM Drive】一项上，按小键盘上的【+】号，直到不能移动。

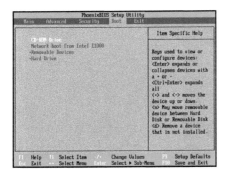

4 确认修改对话框

完成设置后，按键盘上的【F10】键或【Enter】键，即可弹出一个确认修改对话框，选择【Yes】键，再按下【Enter】键，即可将此电脑的启动顺序设置为光驱。

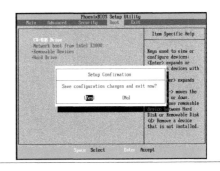

提示

部分BIOS的启动顺序方法是，进入【BIOS SETUP】选项中，在包含BOOT文字的项或组，找到依次排列的"FIRST""SECEND""THIRD"三项（分别代表"第一项启动""第二项启动"和"第三项启动"），对启动顺序进行设置。

4.2.4 设置BIOS管理员密码

如果用户的电脑长期被别人使用，或家中有孩子使用，最好对BIOS设置密码，以免他人误入BIOS，从而造成无法开机或其他不可修复的问题。设置BIOS管理员密码的具体操作步骤如下。

1 进入BIOS设置界面

在开机时按下键盘上的【F2】键，进入BIOS设置界面。

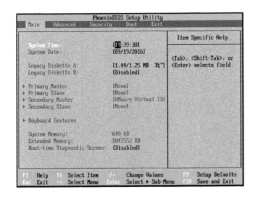

2 定位光标

按键盘上的【→】键，将光标定位在【Security】（安全）选项卡上，则光标自动定位在【Set Supervisor Password】（设置管理员密码）选项上。

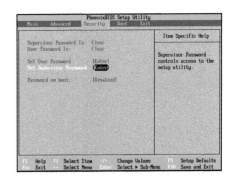

3 输入新密码

按键盘上的【Enter】键，即可弹出【Set Supervisor Password】提示框，在【Enter New Password】（输入新密码）文本框中输入设置的新密码。

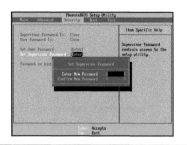

4 再次输入密码

按键盘上的【Enter】键，将光标定位在【Confirm New Password】（确认新密码）文本框中再次输入密码。

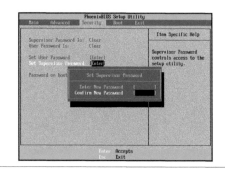

5 保存密码

输入完毕后，按键盘上的【Enter】键，即可弹出【Setup Notice】提示框。选择【Continue】选项，并按【Enter】键确认，即可保存设置的密码。

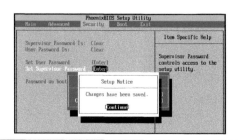

4.2.5 设置IDE

IDE设备是指硬盘等设备的一种接口技术。在BIOS中可设置第1主IDE设备（硬盘）和第1从IDE设备（硬盘或CD-ROM）；第2主IDE设备（硬盘或CD-ROM）和第2从IDE设备（硬盘或CD-ROM）等。设置IDE的具体操作步骤如下。

1 设置设备参数

进入BIOS设置程序并将光标移动到【Main】选项卡上，使用方向键将光标移动到【Primary Master】选项，即可设置第1主IDE设备的参数。

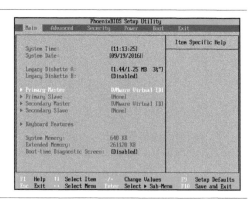

2 更改硬盘参数

按【Enter】键，即可看到第1主IDE设备的【Type】（类型）为【Auto】（使BIOS自动检测硬盘）。这时，可按【Enter】键更改设置，将其设置为手动更改硬盘参数。

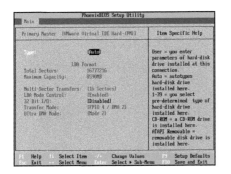

4 按【Enter】键

按【Enter】键，即可看到第1从IDE设备的【Type】也为【Auto】。再按【Enter】键，即可对【Type】选项进行设置。

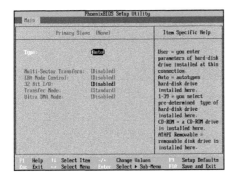

6 设置第2主IDE设备

按【Enter】键，即可看到第2主IDE设备的【Type】为【Auto】。此时，按【Enter】键即可对该项进行设置。

3 移动光标

设置完成后返回【Main】选项卡上，将光标移动到【Primary Slave】选项，即可设置第1从IDE设备的参数。

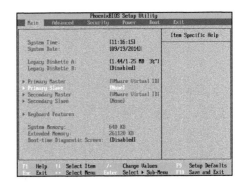

5 移动光标

设置完成后返回【Main】选项卡，将光标移动到【Secondary Master】选项，即可设置第2主IDE设备的参数。

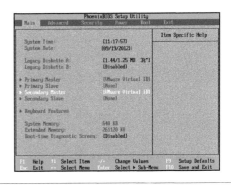

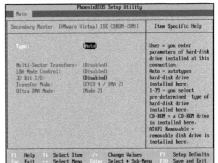

7 完成第2从IDE设备设置

设置完成后返回【Main】选项卡，将光标移动到【Secondary Slave】选项，即可设置第2从IDE设备的参数。

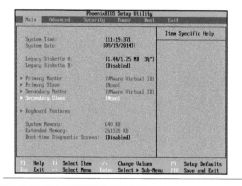

8 选择设置项

按【Enter】键，即可看到第2从IDE设备的【Type】为【Auto】。此时，按【Enter】键可对该项进行设置。

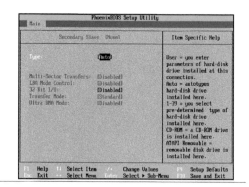

4.3 认识磁盘分区

本节视频教学时间 / 11分钟

4.3.1 硬盘存储的单位及换算

电脑中存储单位主要有bit、B、KB、MB、GB、TB、PB等，数据传输的最小单位是位（bit），基本单位为字节（Byte）。在操作系统中主要采用二进制表示，换算单位为2的10次方（1024），简单说每级是前一级的1024倍，如1KB=1024B，1MB=1024KB=1024×1024B或2^{20}B。

常见的数据存储单位及换算关系如下表所示。

单位	简称	换算关系
KB（Kilobyte）	千字节	1KB=1024B=2^{10}B
MB（Megabyte）	兆字节，简称"兆"	1MB=1024KB=2^{20}B
GB（Gigabyte）	吉字节，又称"千兆"	1GB=1024MB=2^{30}B
TB（Trillionbyte）	万亿字节，或太字节	1TB=1024GB=2^{40}B
PB（Petabyte）	千万亿字节，或拍字节	1PB=1024TB=2^{50}B
EB（Exabyte）	百亿亿字节，或艾字节	1EB=1024PB=2^{60}B
ZB（Zettabyte）	十万亿亿字节，或泽字节	1ZB=1024EB=2^{70}B
YB（Yottabyte）	一亿亿亿字节，或尧字节	1YB=1024ZB=2^{80}B
BB（Brontobyte）	一千亿亿亿字节	1BB=1024YB=2^{90}B
NB（Nonabyte）	一百万亿亿亿字节	1NB=1024BB=2^{100}B
DB（Doggabyte）	十亿亿亿亿字节	1DB=1024NB=2^{110}B

而硬盘厂商，在生产过程中主要采用十进制的计算，如1MB=1000KB=1000000Byte，所以会发现计算机显示的硬盘容量比实际容量要小。

如500GB的硬盘，其实际容量=500×1000×1000×1000÷（1024×1024×1024）≈456.66GB，以此类推1000GB的实际容量为1000×1000³÷（1024³）≈931.32GB。

另外，硬盘容量实际容量结果会有误差，上下误差应该在10%内，如果大于10%，则表明硬盘有质量问题。

4.3.2 机械硬盘的分区方案

目前，机械硬盘的主流配置都是500GB、1TB、1.5TB或2TB以上的大容量，下面就推荐几个硬盘分区的方案。

磁盘 / 方案	系统盘	程序盘	文件盘	备份/下载盘	娱乐盘
综合家用型	50GB	100GB	100GB	50GB	剩余空间
商务办公型		100GB	200GB		
电影娱乐型		100GB	100GB		
游戏达人型		200GB	100GB		

在上述分区方案中，系统盘推荐划分50GB，只有系统盘有足够的空间，保证操作系统的正常运行，才能发挥电脑的总体性能。另外，在安装操作系统创建主分区时，会产生几百兆的系统保留分区，它是BitLocker分区加密信息存储区。

程序盘，主要用于安装程序的分区。将应用程序安装在系统盘，会带来频繁的读写操作，且容易产生磁盘碎片，因此可以单独划分一个程序盘以满足常用程序的安装。另外，随着应用程序的体积越来越大，部分游戏客户端可占用10GB以上，因此建议根据实际需求，划分该分区大小。

文件盘，主要用于存放和备份资料文档，如照片、工作文档、媒体文件等，单独划分一个磁盘，可以方便管理。文件盘的容量，可以根据个人情况，进行自由调整。

备份/下载盘，主要可以用于备份和下载一些文件。之所以将下载盘单独划分，主要因为这个分区是磁盘读写操作较为频繁的一个区，如果磁盘划分太大，磁盘整理速度会降低；太小则无法满足文件的下载需求。因此，推荐划分出50GB的容量。

提 示

如迅雷、QQ旋风、浏览器等，在安装后，启动相应程序，将默认的下载路径修改为该分区，否则就没有了单独划分一个区的意义了。

娱乐盘，主要用于存放音乐、电影、游戏等娱乐文件。如今高清电影、无损音乐等体积越来越大，因此建议该磁盘分区要大一些。

4.3.3 固态硬盘的分区方案

随着固态硬盘的普及，越来越多的用户使用或将硬盘升级为固态硬盘。与机械硬盘相比，固态硬盘较贵，一般主要选择128GB或256GB容量，因此并不能像机械硬盘划分较多分区，推荐以下方案。

磁盘 / 容量	系统盘	程序盘	文件盘	备份盘
120GB固态硬盘	60GB	剩余容量	–	–
240GB固态硬盘			50GB	50GB

提 示

根据硬盘存储单位的换算规则，120GB容量的硬盘实际可分配容量为111GB左右，240GB可分配容量为223GB左右。

在上述方案中，如果固态硬盘的容量为120GB，建议划分为2个分区，系统盘主要安装操作系统，程序盘主要用于安装应用程序和存放重要文档。

如果固态硬盘的容量为240GB，建议划分为3~4个分区，除系统盘外，可根据需要划分出程序盘、文件盘和备份盘等。

如果用户同时采用了机械硬盘和固态硬盘，建议固态硬盘主要用于安装系统和应用程序，机械硬盘作为文件盘或备份盘，以充分发挥它们的作用。

4.3.4 硬盘分区常用软件

常用的硬盘分区软件有很多种，根据不同的需求，用户可以选择适合自己的分区软件。

1. DiskGenius

DiskGenius是一款磁盘分区及数据恢复软件，支持对GPT磁盘（使用GUID分区表）的分区操作，除具备基本的分区建立、删除、格式化等磁盘管理功能外，还提供了强大的已丢失分区搜索功能、误删除文件恢复、误格式化及分区被破坏后的文件恢复功能、分区镜像备份与还原功能、分区复制、硬盘复制功能、快速分区功能、整数分区功能、分区表错误检查与修复功能、坏道检测与修复功能，提供基于磁盘扇区的文件读写功能，支持VMWare虚拟硬盘格式、IDE、SCSI、SATA等各种类型的硬盘和U盘、USB硬盘、存储卡（闪存卡），同时也支持FAT12、FAT16、FAT32、NTFS、EXT3文件系统。

2. PartitionMagic

PartitionMagic是一款功能非常强大的分区软件，在不损坏数据的前提下，可以对硬盘分区的大小进行调整。然而此软件的操作有些复杂，操作过程中需要注意的问题也比较多，一旦用户误操作，就会带来严重的后果。

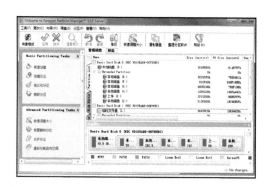

3. 系统自带的磁盘管理工具

Windows系统自带的磁盘管理工具，虽然不如第三方磁盘分区管理软件易于上手，但是不需要再次安装软件，而且安全性和伸缩性强，得到不少用户的青睐。

4.4 使用系统安装盘进行分区

本节视频教学时间 / 5分钟

Windows系统安装程序自带有分区格式化功能，用户可以在安装系统时，对硬盘进行分区。Windows 7、Windows 8.1和Windows 10的分区方法基本相同，下面以Windows 10为例简单介绍其分区的方法。

1 自定义选项

将Windows 10操作系统的安装光盘放入光驱中，启动计算机，进入系统安装程序，根据系统提示，进入"你想执行哪种类型的安装？"对话框，这里选择"自定义：仅安装Windows（高级）"选项。

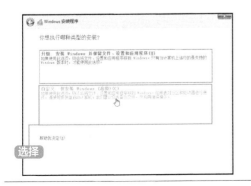

2 硬盘分区

进入【你想将Windows安装在哪里？】界面，如下图所示，界面上显示了未分配的硬盘情况，下面以120GB的硬盘为例，对该盘进行分区。

3 设置分区参数

单击【新建】链接，即可在对话框的下方显示用于设置分区大小的参数，这时在【大小】文本框中输入"60000"，并单击【应用】按钮。

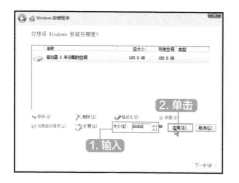

提示　1GB=1024MB，如上要划分出60GB，可以按照60*1000的公式进行粗略计算。

4 增加未分配空间

打开信息提示框，提示用户若要确保Windows的所有功能都能正常使用，Windows可能要为系统文件创建额外的分区。单击【确定】按钮，即可增加一个未分配的空间。

5 选择分区

此时，即可创建系统保留分区1及分区2。用户可以选择已创建的分区，对其进行删除、格式化和扩展等操作。

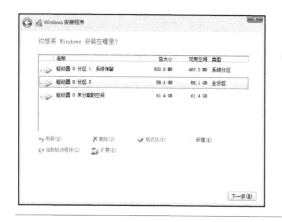

提示　单击【刷新】链接，则刷新当前显示；单击【删除】链接，则删除所选分区，并叠加到未分配的空间；单击【格式化】链接，将格式化当前所选分区的磁盘内容；单击【加载驱动程序】链接，用于手动添加磁盘中的驱动程序，分区时一般不做该操作；单击【扩展】链接，则可调大当前已分区空间。

6 分配分区

选择未分配的空间，单击【新建】链接，并输入分区大小，单击【应用】按钮，继续创建分区。这里分配2个分区，因此其中参数为剩余容量值，可直接单击【应用】按钮。

> 提示　使用同样办法，可以根据自己的磁盘情况，创建更多的分区。

7 分区完毕

创建分区完毕后，选择要安装操作系统的分区，单击【下一步】按钮即可。

另外，如果安装Windows系统时，没有对硬盘进行任何分区，Windows安装程序将自动把硬盘分为一个分区，格式为NTFS。

4.5　使用DiskGenius对硬盘分区

本节视频教学时间 / 3分钟

硬盘工具管理软件DiskGenius软件采用全中文界面，除了继承并增强了DOS版的大部分功能外，还增加了许多新功能，如：已删除文件恢复、分区复制、分区备份、硬盘复制等功能，此外还增加了对VMWare虚拟硬盘的支持。本节主要讲述如何在DOS环境下对磁盘进行分区操作，在Windows系统环境下与此基本相同。

下面介绍如何使用DiskGenius对硬盘进行快速分区。

1 执行分区工具

使用PE系统盘启动电脑，进入PE系统盘的主界面，在菜单中使用【↓】、【↑】按键进行菜单选择，也可以单击对应的数字，直接进入菜单。如这里按【06】数字键，即可执行"运行最新版DiskGenius分区工具"的操作。

2 无需操作

进入如下加载界面，无需任何操作。

4 程序界面

DiskGenius DOS版程序界面，如下图所示。

6 开始分区

此时，即可开始对硬盘进行快速分区和格式化操作。

3 启动分区工具

片刻后，进入DOS工具菜单界面，在下方输入字母"d"，并按【Enter】键，即可启动DiskGenius分区工具。

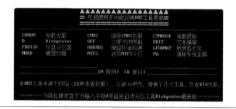

5 设置分区

若要执行【快速分区】命令，选择要分区的磁盘，按【F6】键或单击功能区的【快速分区】按钮，弹出【快速分区】对话框。在【分区表类型】区域中，单击【MBR】单选项；在【分区数目】区域中，选择分区数量；在【高级设置】区域中，设置各分区大小。设置完毕后，单击【确定】按钮。

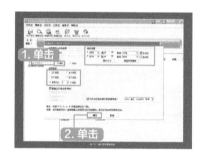

7 分区完成

分区完成后，即可查看分区效果。

 高手私房菜

技巧1：不格式化前提下转换分区格式

除了利用格式化将硬盘分区转换为指定的类型，还可以在不格式化的前提下将分区的格式转换为另外一种格式——NTFS格式。

与Windows的某些早期版本中使用的FAT文件系统相比，NTFS文件系统为硬盘和分区或卷上的数据提供的性能更好，安全性更高。如果有分区使用早期的FAT16或FAT32文件系统，则可以使用convert命令将其转换为NTFS格式。转换为NTFS格式不会影响分区上的数据。

提示

> 将分区转换为 NTFS 后，无法再将其转换回来。如果要在该分区上重新使用 FAT 文件系统，则需要重新格式化该分区，这样会擦除其上的所有数据。早期的某些Windows 版本无法读取本地 NTFS 分区上的数据。如果需要使用早期版本的Windows访问计算机上的分区，请勿将其转换为 NTFS。

将硬盘或分区转换为NTFS格式的具体操作步骤如下。

1 输入"cmd"

关闭要转换的分区或逻辑驱动器上所有正在运行的程序。按【Windows+R】组合键，在弹出的运行对话框中，输入"cmd"，并单击【确定】键确认。

2 转换格式

在命令提示符下输入"convert drive_letter: /fs:ntfs"，其中drive_letter是要转换的驱动器号，然后按【Enter】键。例如，输入"convert H:/fs:ntfs"命令会将驱动器H转换为NTFS格式。

3 执行命令

即刻执行命令，如下图所示。

4 查看磁盘分区

当执行转换文件系统完毕后，可查看磁盘分区的文件系统类型。

另外，如果要转换的分区包含系统文件（如果要转换装有操作系统的硬盘，则会出现此种情况。），则需要重新启动计算机才能进行转换。如果磁盘几乎已满，则转换过程可能会失败。如果出现错误，请删除不必要的文件或将文件备份到其他位置，以释放磁盘空间。

FAT或FAT32格式的分区无法进行压缩。对于采用这两种磁盘格式的分区，可先在命令行提示符窗口中执行"Convert 盘符 /FS:NTFS"命令，将该分区转换为NTFS磁盘格式后再对其进行压缩。

技巧52：BIOS与CMOS的区别

BIOS是主板上的一块EPROM或EEPROM芯片，里面装有系统的重要信息和系统参数的设置程序（BIOS Setup程序）。

CMOS（Complementary Metal-Oxide Semiconductor，互补金属氧化物半导体）本意是指制造大规模集成电路芯片用的一种技术或用这种技术制造出来的芯片。在这里通常是指计算机主板上的一块可读写的RAM芯片。它存储了计算机系统的实时钟信息和硬件配置信息等。系统在加电引导机器时，要读取CMOS信息，用来初始化机器各个部件的状态。它靠系统电源和后备电池来供电，系统掉电后其信息不会丢失。

由于CMOS与BIOS都与计算机系统设置密切相关，所以才有CMOS设置和BIOS设置的说法。也正因为如此，初学者常将二者混淆。CMOS RAM是系统参数存放的区域，而BIOS中系统设置程序是完成参数设置的手段，准确的说法应是通过BIOS设置程序对CMOS参数进行设置。平常所说的CMOS设置和BIOS设置是其简化说法，在一定程度上造成了混淆。

事实上，BIOS程序就是储存在CMOS存储器中的，CMOS是一种半导体技术，可以将成对的金属氧化物半导体场效应晶体管（MOSFET）集成在一块硅片上。该技术通常用于生产RAM和交换应用系统，用它生产出来的产品速度很快，功耗极低，而且对供电电源的干扰有较高的容限。

第 **5** 章
操作系统与设备
驱动的安装

本章视频教学时间：30分钟

重点导读

对电脑分区完成后，就可以安装操作系统了。目前，比较流行的操作系统主要有Windows 7、Windows 8.1、Windows 10、Mac OS以及Linux等，本章主要介绍如何安装Windows操作系统。

学习效果图

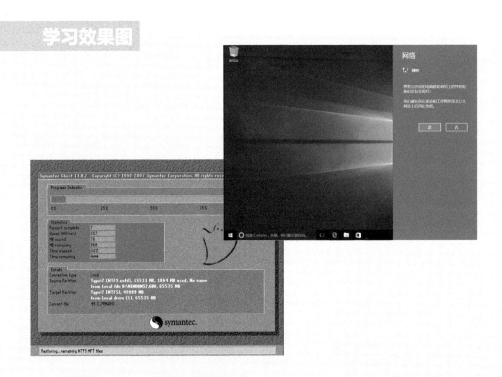

5.1 操作系统安装前的准备

本节视频教学时间 / 7分钟

操作系统是管理电脑全部硬件资源、软件资源、数据资源、控制程序运行并为用户提供操作界面的系统软件集合。通常的操作系统具有文件管理、设备管理和存储器管理等功能。

5.1.1 认识32位和64位操作系统

在选择系统时，会发现有Windows 7 32位、Windows 7 64位、Windows 10 32位或Windows 10 64位等，那么32位和64位有什么区别呢？选择哪种系统更好呢？本节简单介绍下操作系统32位和64位，以帮助读者选择合适的安装系统。

位数是用来衡量计算机性能的重要标准之一，位数在很大程度上决定着计算机的内存最大容量、文件的最大长度、数据在计算机内部的传输速度、处理速度和精度等性能指标。

1.32位和64位区别

在选择安装系统时，x86代表32位操作系统，x64代表64位操作系统，而它们之间具体有什么区别呢？

（1）设计初衷不同。64位操作系统的设计初衷是：满足机械设计和分析、三维动画、视频编辑和创作，以及科学计算和高性能计算应用程序等领域中需要的大量内存和浮点性能的客户需求。换句简明的话说就是：它们是高科技人员本行业特殊软件的运行平台。而32位操作系统是为普通用户设计的。

（2）要求配置不同。64位操作系统只能安装在64位电脑上（CPU必须是64位的）。同时需要安装64位常用软件以发挥64位（x64）的最佳性能。32位操作系统则可以安装在32位（32位CPU）或64位（64位CPU）电脑上。当然，若32位操作系统安装在64位电脑上，其硬件恰似"大牛拉小车"，64位效能就会大打折扣。

（3）运算速度不同。64位CPU GPRs（General-Purpose Registers，通用寄存器）的数据宽度为64位，64位指令集可以运行64位数据指令，也就是说处理器一次可提取64位数据（只要两个指令，一次提取8个字节的数据），比32位（需要四个指令，一次提取4个字节的数据）提高了一倍，理论上性能会相应提升1倍。

（4）寻址能力不同。64位处理器的优势还体现在系统对内存的控制上。由于地址使用的是特殊的整数，因此一个ALU（算术逻辑运算器）和寄存器可以处理更大的整数，也就是更大的地址。比如，Windows Vista x64 Edition支持多达128 GB的内存和多达16 TB的虚拟内存，而32位CPU和操作系统最大只可支持4G内存。

2. 选择32位还是64位

对于如何选择32位和64位操作系统，用户可以从以下几点考虑。

（1）兼容性及内存

与64位系统相比，32位系统普及性好，有大量的软件支持，兼容性也较强。另外64位内存占用较大，如果无特殊要求，配置较低的，建议选择32位系统。

（2）电脑内存

目前，市面上的处理器基本都是64位处理器，完全可以满足安装64位操作系统，是否满足安装条件这点用户一般不需要考虑。由于32位最大都只支持3.25G的内存，如果电脑安装的是4GB、8GB的内存，为了最大化利用资源，建议选择64位系统。如下图可以看到，4GB内存显示3.25GB可用。

（3）工作需求

如果从事机械设计和分析、三维动画、视频编辑和创作，可以发现新版本的软件仅支持64位，如Matlab，因此就需要选择64位系统。用户可以根据上述的几点考虑，选择最适合自己计算机的操作系统。不过，随着硬件与软件快速发展，64位将是未来的主流。

5.1.2 操作系统的安装方法

一般安装操作系统时，经常会涉及从光盘或使用Ghost镜像还原等方式安装操作系统。常用的安装操作系统的方式有如下几种。

1. 全新安装

全新安装就是指在硬盘中没有任何操作系统的情况下安装操作系统，在新组装的电脑中安装操作系统就属于全新安装。如果电脑中安装有操作系统，但是安装时将系统盘进行了格式化，然后重新安装操作系统，这也是全新安装的一种。

2．升级安装

升级安装是指用较高版本的操作系统覆盖电脑中较低版本的操作系统。该安装方式的优点是原有程序、数据以及设置都不会发生变化，硬件兼容性方面的问题也比较少。缺点是恢复难。

3．覆盖安装

覆盖安装与升级安装比较相似，不同之处在于升级安装是在原有操作系统的基础上使用升级版的操作系统进行升级安装，覆盖安装则是同级进行安装，即在原有操作系统的基础上用同一个版本的操作系统进行安装，这种安装方式适用于所有的Windows操作系统。

4．利用Ghost镜像安装

Ghost不仅仅是一个备份还原系统的工具，利用Ghost可以把一个磁盘上的全部内容复制到另一个磁盘上，也可以将一个磁盘上的全部内容复制为一个磁盘的镜像文件，这样可以最大限度地减少每次安装操作系统的时间。

5.2 安装Windows 7系统

本节视频教学时间 / 7分钟

在了解了操作系统之后，就可以选择相应的操作系统来进行安装，下面就来学习Windows 7操作系统的安装方法。

5.2.1 设置BIOS

在安装操作系统之前首先需要设置BIOS，将电脑的启动顺序设置为光驱启动。下面以技嘉主板BIOS为例介绍。

1 进入BIOS设置界面

在开机时按下键盘上的【Del】键，进入BIOS设置界面。选择【System Information】（系统信息）选项，然后单击【System Language】（系统语言）后面的【English】按钮。

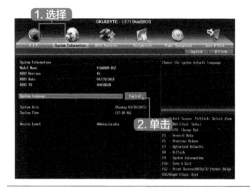

2 选择【简体中文】选项

在弹出的【System Language】列表中，选择【简体中文】选项。

3 BIOS界面

此时，BIOS界面变为中文语言界面，如下图所示。

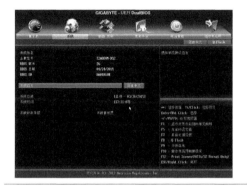

5 设置DVD光驱

弹出【启动优先权 #1】对话框，在列表中选择要优先启动的介质，如果是DVD光盘则设置DVD光驱为第一启动；如果是U盘，则设置U盘为第一启动。如下图，选择【TSSTcorpCDDVDW SN-208AB LA02】选项设置DVD光驱为第一启动。

4 启动优先权

选择【BIOS功能】选项，在下面功能列表中，选择【启动优先权 #1】后面的按钮 SCSIDIS...。

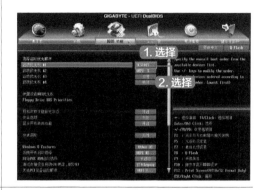

提示

在弹出的列表中，如果用户不知道哪一个是DVD光驱，哪一个是U盘，其实最简单的辨别办法就是，哪一项包含"DVD"字样，则是DVD光驱；哪一个包含U盘的名称，则是U盘项。另外一种方法就是看硬件名称，右键单击【计算机】桌面图标，在弹出的窗口中，单击【设备管理器】超链接，打开【设备管理器】窗口，然后展开DVD驱动器和硬盘驱动器，如下图所示。即可看到不同的设备名称，如硬盘驱动器中包含"ATA"可以理解为硬盘，而包含"USB"的一般指U盘或移动硬盘。

6 设置BIOS

设置完毕后，按【F10】键，弹出【储存并离开BIOS设定】对话框，选择【是】按钮完成BIOS设置。

5.2.2 启动安装程序

设置启动项之后，就可以放入安装光盘来启动安装程序。

1 重新启动计算机

Windows 7操作系统的安装光盘放入光驱中，重新启动计算机，出现"Press any key to boot from CD or DVD…"提示后，按任意键开始从光盘启动安装。

2 无需操作

在Windows 7安装程序加载完毕后，将进入下图所示界面，该界面是一个中间界面，用户无需进行任何操作。

3 正在启动

启动完毕后，进入【安装程序正在启动】界面。

4 完成安装

在安装程序启动完成后，将打开【您想将Windows安装在何处？】界面。至此，就完成了启动Windows 7安装程序的操作。

> 提示　在选择安装位置时，可以将磁盘进行分区并格式化处理，最后选择常用的系统盘C盘。如果是安装双系统，则可以将位置选择在除原系统盘外的其他任意磁盘。

5.2.3 磁盘分区

选择安装位置后，还可以对磁盘进行分区。

1 展开选项

在【您想将Windows安装在何处？】界面中选择要进行分区的硬盘驱动器。

2 设置分区大小

单击【新建】链接，即可在对话框的下方显示用于设置分区大小的参数，这时在【大小】文本框中输入"25000"。

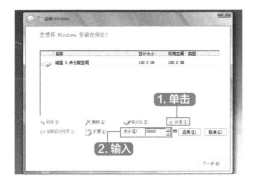

3 增加空间

单击【应用】按钮，将打开信息提示框，提示用户若要确保Windows的所有功能都能正常使用，Windows可能要为系统文件创建额外的分区。单击【确定】按钮，即可增加一个未分配的空间。

4 方法相同

按照相同的方法再次对磁盘进行分区。

5.2.4 格式化分区

创建分区完成后，在安装系统之前，还需要对新建的分区进行格式化。

1 格式化

选中需要安装操作系统文件的磁盘，这里选择【磁盘0 分区2】选项，单击【格式化】按钮。

2 单击【确定】按钮

弹出一个信息提示框，单击【确定】按钮，即可开始。

5.2.5 安装阶段

设置完成之后，就可以开始进行系统的安装。

1 复制文件

格式化完毕后，单击【下一步】按钮，打开【正在安装Windows...】界面，并开始复制和展开Windows文件。

2 进入安装阶段

展开Windows文件完毕后，将进入【安装功能】阶段。

3 安装更新

【安装功能】阶段完成后，接下来将进入【安装更新】阶段。

4 重新启动

安装更新完毕后，将弹出【Windows需要重新启动才能继续】界面，提示用户系统将在10秒内重新启动。

5 弹出窗口

在启动的过程中会弹出【安装程序正在启动服务】窗口。

6 完成安装

安装程序启动服务完毕后，返回【正在安装Windows...】界面，并进入【完成安装】阶段。

5.2.6 安装后的准备阶段

至此，系统的安装就接近尾声了，即将进入安装后的准备阶段。

1 自动重新启动

在【完成安装】阶段，系统会自动重新启动，并弹出【安装程序正在为首次使用计算机做准备】窗口。

2 检查视频性能

准备完成后，弹出【安装程序正在检查视频性能】窗口。

3 重新启动

检查视频性能完毕后，将打开【安装程序将在重新启动您的计算机后继续】窗口。

4 无需操作

无需任何操作，电脑即可重新启动。在启动的过程中，将再次打开【安装程序正在为首次使用计算机做准备】窗口。

5.3 安装Windows 8.1系统

本节视频教学时间 / 3分钟

Windows 8.1的安装方法和Windows 7基本相同，下面就介绍下Windows 8.1的安装方法。

1 光盘启动安装

在安装Windows 8.1前，用户需要对BIOS进行设置，将光盘设置为第一启动，然后将Windows 8.1操作系统的安装光盘放入光驱中，重新启动计算机，出现"Press any key to boot from CD or DVD…"提示后，按任意键开始从光盘启动安装。

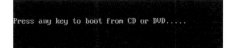

2 无需操作

在Windows 8.1安装程序加载完毕后，将进入下图所示界面，该界面是一个中间界面，用户无需进行任何操作。

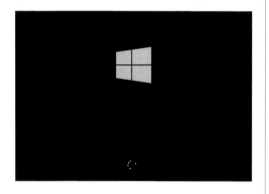

4 现在安装

单击【现在安装】按钮，开始正式安装。

提示 单击【修复计算机】选项，可以修复已安装系统中的错误。

6 勾选复选项

进入【许可条款】界面，勾选【我接受许可条款】复选项，单击【下一步】按钮。

3 设置语言时间

启动完毕后，弹出【Windows 安装程序】窗口，设置安装语言、时间格式等，用户可以保持默认，直接单击【下一步】按钮。

5 输入密钥

在【输入产品密钥以激活Windows】界面，输入购买Windows系统时微软公司提供的密钥（为5组5位阿拉伯数字组成），然后单击【下一步】按钮。

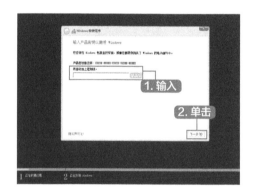

7 升级系统

进入【你想执行哪种类型的安装？】界面，单击选择【自定义：仅安装Windows（高级）】选项，如果要采用升级的方式安装Windows系统，可以单击【升级】选项。

8 选择分区

进入【你想将Windows安装在哪里？】界面，选择要安装的硬盘分区，单击【下一步】按钮。

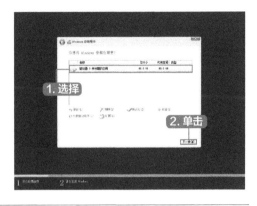

提示 用户也可以在此界面中，对硬盘进行分区、新建分区等，具体操作方法和Windows 7安装时分区方法一致，可以参照7.2节的操作，在此不再赘述。

9 重启电脑

进入【正在安装Windows】界面，安装程序开始自动进行"复制Windows文件""安装文件""安装功能""安装更新"等项目设置。在安装过程中电脑会自动重启。

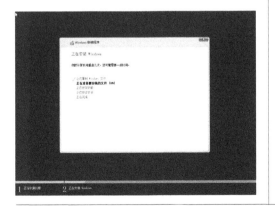

10 设置系统界面

系统安装完成后，初次使用时，需要对系统进行设置，才能使用该系统，如Windows 8.1的安装需要验证账户、获取应用等，设置完成后即可进入Windows 8.1系统界面。

5.4 安装Windows 10系统

本节视频教学时间 / 2分钟

Windows 10作为新一代操作系统，备受关注，而它安装方法与Windows 8.1并无太大差异，本节就介绍Windows 10的安装方法。

1 安装光盘

在安装Windows 10前，用户需要对BIOS进行设置，将光盘设置为第一启动，然后将Windows 10操作系统的安装光盘放入光驱中，重新启动计算机，出现"Press any key to boot from CD or DVD…"提示后，按任意键开始从光盘启动安装。

3 设置语言时间

启动完毕后，弹出【Windows 安装程序】窗口，设置安装语言、时间格式等，用户可以保持默认，直接单击【下一步】按钮。

2 无需操作

在Windows 10安装程序加载完毕后，将进入下图所示界面，该界面是一个中间界面，用户无需进行任何操作。

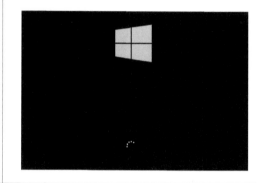

4 设置用户

接下来的步骤也和Windows 7的安装方法一致，用户参照7.3节中的步骤 4~9 操作即可。安装完成后，用户可以进行设置，用户可以选择【使用快速设置】选项。

5 无需操作

此时，系统则会自动获取关键更新，用户不需要进行任何操作。

7 输入账户

在【个性化设置】界面，用户可以输入Microsoft账户，如果没有，可单击【创建一个】超链接进行创建，也可以单击【跳过此步骤】超链接，进入下一步。如这里单击【跳过此步骤】超链接。

9 启用网络发现协议

系统会对前面的设置进行保存和设置，稍等片刻后，系统即会进入Windows 10桌面，并提示用户是否启用网络发现协议，单击【是】按钮。

6 选择选项

在【谁是这台电脑的所有者？】界面，如果不需要加入组织环境，就可以选择【我拥有它】选项，并单击【下一步】按钮。

8 输入创建内容

进入【为这台电脑创建一个账户】界面，输入要创建的用户名、密码和提示内容，单击【下一步】。

10 设置完成

完成设置后，Windows 10操作系统的安装全部完成，如右图所示为Windows 10系统桌面。

5.5 使用GHO镜像文件安装系统

本节视频教学时间 / 1分钟

GHO文件全称是"GHOST"文件，是Ghost工具软件的镜像文件存放扩展名，GHO文件中是使用Ghost软件备份的硬盘分区或整个硬盘的所有文件信息。*.gho文件可以直接安装到系统，并不需要解压，如下图为两个GHO文件。

使用Ghost工具备份系统都会产生GHO镜

像文件，除了使用Ghost恢复系统外，我们还可以手动安装GHO镜像文件，它在系统安装时是极为方便的，也是最为常见的安装方法。一般安装GHO镜像文件主要有两种方法，一种是在当前系统下使用GHO镜像文件安装工具安装系统；一种是在PE系统下，使用Ghost安装。

如果电脑可以正常运行，我们可以使用一些安装工具，如Ghost安装器、OneKey等，它们体积小，无需安装，操作方便。下面以OneKey为例，具体步骤如下。

1 下载打开OneKey软件

下载并打开OneKey软件，在其界面中单击【打开】按钮。

2 选择文件位置

在弹出的打开对话框中，选择GHO文件所在的位置，选择后单击【打开】按钮。

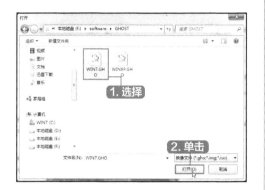

3 选择安装盘符

返回到OneKey界面，选择要安装的盘符，并单击【确定】按钮。

> **提示** 在设置GHO存放路径时，需要注意不能将其放在要将系统安装的盘符中，也不能放在中文命名的文件夹中，因为安装器不支持中文路径，请使用英文、拼音来命名。

> **提示** 如果使用Onekey安装多系统，选择不同的分区即可，如在Windows 7系统下，安装Windows 8.1系统，就可以选择出系统盘外的其他分区，但需注意所要安装的盘符容量是否满足。

4 自动重启并安装系统

此时，系统会自动重启并安装系统，用户不需要进行任何操作。

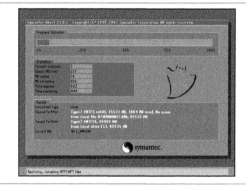

5.6 安装驱动与补丁

本节视频教学时间 / 8分钟

安装驱动程序可以使电脑正常工作，而为系统打补丁，可以防止木马病毒通过Windows的系统漏洞来攻击电脑。

5.6.1 如何获取驱动程序

驱动程序是一种可以使电脑和设备通信的特殊程序，可以说相当于硬件的接口。每一款硬件设备的版本与型号都不同，所需要的驱动程序也是各不相同的，这是针对不同版本的操作系统出现的。所以一定要根据操作系统的版本和硬件设备的型号来选择不同的驱动程序。获取驱动程序的方式通常有以下4种。

1. 操作系统自带驱动

有些操作系统中附带了大量的通用操作程序，例如Windows 10操作系统中就附带了大量的通用驱动程序，用户电脑上的许多硬件在操作系统安装完成后就自动被正确识别了，更重要的是系统自带的驱动程序都通过了微软WHQL数字认证，可以保证与操作系统不发生兼容性故障。

2. 硬件出厂自带驱动

一般来说，各种硬件设备的生产厂商都会针对自己硬件设备的特点开发专门的驱动程序，并在销售硬件设备的同时，采用光盘等形式免费提供给用户。这些设备厂商直接开发的驱动程序都有较强的针对性，它们的性能比Windows附带的驱动程序更高一些。

3. 通过驱动软件下载

驱动软件是驱动程序专业管理软件，它可以自动检测电脑中安装的硬盘，并搜索相应的驱动程序，供用户下载并安装，使用驱动软件不用刻意区分硬件并搜索驱动，也不用到各个网站分别下载不同硬件的驱动，通过其中的一键安装方式便可轻松实现驱动程序的安装，十分方便。如下图所示为"驱动精灵"的驱动管理界面。

4. 通过网络下载

通过网上下载获取驱动程序是目前获取驱动最常用的方法之一。因为很多硬件厂商为了方便用户，除了赠送免费的驱动程序光盘外，还把相关驱动程序放到网上，供用户下载。这些驱动程序大多是硬件厂商最新推出的升级版本，它们的性能以及稳定性都会比以前的版本更高。

5.6.2　自动安装驱动程序

自动安装驱动程序是指设备生产厂商将驱动程序做成一种可执行的安装程序，用户只需要将驱动安装盘放到电脑光驱中，双击Setup.exe程序，程序运行之后就可以安装驱动程序。这个过程基本上不需要用户进行相关的操作，是现在主流的安装方式。

5.6.3　使用驱动精灵安装驱动

如果电脑可以连接网络，也可以使用驱动精灵安装驱动程序。使用驱动精灵安装驱动程序的方法很简单，其具体操作步骤如下。

1 安装驱动精灵程序

下载并安装驱动精灵程序，进入程序界面后，单击【驱动程序】选项，程序会自动检查驱动程序并显示需要安装或更新的驱动，勾选要安装的驱动，单击【一键安装】按钮。

2 安装完成

系统会自动下载与安装，待安装完毕后，会提示"本机驱动均已安装完成"，驱动安装后关闭软件界面即可。

5.6.4　修补系统漏洞

Windows系统漏洞问题是与时间紧密相关的。一个Windows系统从发布的那一天起，随着用户的深入使用，系统中存在的漏洞会被不断暴露出来，这些早先被发现的漏洞也会不断被系统供应商微软公司发布的补丁软件修补，或在以后发布的新版系统中得以纠正。而在新版系统纠正了旧版本中具有的漏洞的同时，也会引入一些新的漏洞和错误。例如目前比较流行的ani鼠标漏洞，它利用了Windows系统对鼠标图标处理的缺陷，由此木马作者制造畸形图标文件溢出，木马就可以在用户毫不知情的情况下执行恶意代码。

因而随着时间的推移，旧的系统漏洞会不断消失，新的系统漏洞会不断出现，系统漏洞问题也会长期存在，这就是要及时为系统打补丁的原因。

修复系统漏洞除了可以使用Windows系统自带的Windows Update的更新功能外，也可以使用第三方工具修复系统漏洞，如360安全卫士、腾讯电脑管家等。

1．使用Windows Update

Windows Update是一个基于网络的Microsoft Windows操作系统的软件更新服务，它会自动更新，确保您的电脑更加安全且顺畅运行。用户也可以手动检查更新。

1 选择Windows Update选项

打开【控制面板】对话框，单击选择【Windows Update】选项。

2 下载并安装

在【Windows Update】对话框中，单击【检查更新】按钮，即会自动检查，更新会自动下载并安装。

3 检查并更新

如果使用的是Windows 10操作系统，按【Windows+I】组合键打开【设置】界面，单击【更新和安全】▶【Windows更新】选项，即可检查并更新。

2. 使用第三方工具

360安全卫士和腾讯电脑管家使用简单，是装机必备软件，使用它们修补漏洞极其方便，下面以腾讯电脑管家为例，介绍系统漏洞修补步骤。

1 修复漏洞

下载并安装腾讯电脑管家，启动软件，在软件主界面，单击【修复漏洞】选项。

2 一键修复

软件会自动扫描并显示电脑中的漏洞，勾选要修复的漏洞，单击【一键修复】按钮。

3 选中漏洞

此时，即可下载选中的漏洞补丁。

4 修复成功

在系统补丁下载完毕后，即可自动进行补丁安装。在漏洞补丁安装完成后，将提示成功修复全部漏洞信息。

高手私房菜

技巧1：删除Windows.old文件夹

在重新安装新系统时，系统盘下会产生一个"Windows.old"文件夹，其占了大量系统盘容量，无法直接删除，需要使用磁盘工具进行清除，具体步骤如下。

1 选择属性

打开【此电脑】窗口，右键单击系统盘，在弹出的快捷菜单中，选择【属性】菜单命令。

2 磁盘清理

弹出该盘的【属性】对话框，单击【常规】选项卡下的【磁盘清理】按钮。

3 清理系统文件

系统扫描后，弹出【磁盘清理】对话框，单击【清理系统文件】按钮。

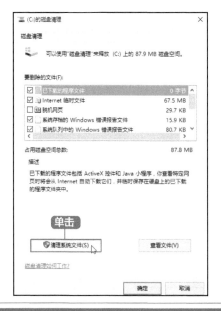

4 磁盘清理

系统扫描后，在【要删除的文件】列表中勾选【以前的Windows安装】选项，并单击【确定】按钮，在弹出的【磁盘清理】提示框中，单击【确定】按钮，即可进行清理。

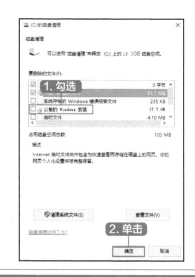

技巧2：解决系统安装后无网卡驱动的问题

用户在系统安装完成后，有时会发现网卡驱动无法安装上，桌面右下角的【网络】有个"红叉"，有的用户也尝试使用万能网卡驱动并未能解决问题，此时用户可以采用下面的方法解决。

在另外一台可以上网的电脑上，下载一个万能网卡版的驱动精灵或者驱动人生。然后使用U盘复制并安装到不能上网的电脑上，由于其内置普通网卡驱动和无线网卡驱动，可以在安装时解决网卡驱动问题。

第 6 章
电脑系统的优化

重点导读 ··· 本章视频教学时间：28分钟

　　随着计算机的使用，很多空间会被浪费，用户需要及时优化系统，从而提高计算机的性能。本章主要介绍硬盘优化、加速系统运行以及使用360安全卫士优化电脑等操作，为电脑加速。

学习效果图

6.1 硬盘优化

本节视频教学时间 / 11分钟

随着使用时间的增加，硬盘会产生垃圾和碎片，需要进行清理。本节主要介绍硬盘的优化操作。

6.1.1 检查磁盘错误

通过检查一个或多个驱动器是否存在错误可以解决一些计算机问题。例如，用户可以通过检查计算机的主硬盘来解决一些性能问题，或者当外部硬盘驱动器不能正常工作时，可以检查该外部硬盘驱动器。

Windows 10操作系统提供了检查硬盘错误信息的功能，具体操作步骤如下。

1 选择管理

在桌面上右键单击【此电脑】图标，在弹出的快捷菜单中选择【管理】菜单命令。

2 磁盘管理

弹出【计算机管理】窗口，在左侧的列表中选择【磁盘管理】选项。

3 检查磁盘

窗口的右侧显示磁盘的基本情况，选择需要检查的磁盘并右键单击，在弹出的快捷菜单中选择【属性】菜单命令。

4 开始检查

弹出【属性】对话框，选择【工具】选项卡，在【查错】选区中单击【检查】按钮。

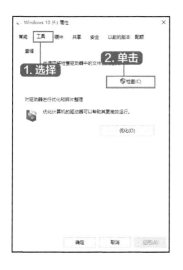

5 扫描驱动器

弹出【错误检查】对话框，选择【扫描驱动器】选项。

6 检查修复

系统开始自动检查硬盘并修复发现的错误。

7 修复完成

检查并修复完成后，单击【关闭】按钮即可。

6.1.2 整理磁盘碎片

用户保存、更改或删除文件时，硬盘卷上会产生碎片。用户所保存的对文件的更改通常存储在卷上与原始文件所在位置不同的位置。这不会改变文件在Windows中的显示位置，而只会改变组成文件的信息片段在实际卷中的存储位置。随着时间推移，文件和卷本身都会碎片化，而电脑跟着也会变慢，因为电脑打开单个文件时需要查找不同的位置。

磁盘碎片整理实质是指合并卷（如硬盘或存储设备）上的碎片数据，以便卷能够更高效地工作。磁盘碎片整理程序能够重新排列卷上的数据并重新合并碎片数据，有助于电脑更高效地运行。在Windows操作系统中，磁盘碎片整理程序可以按计划自动运行，用户也可以手动运行该程序或更改该程序使用的计划。

提 示　如果电脑使用的是固态硬盘则不需要对磁盘碎片进行整理。

1 选择碎片分区

打开【此电脑】窗口，选择需要整理碎片的分区并单击鼠标右键，在弹出的快捷菜单中选择【属性】菜单命令。

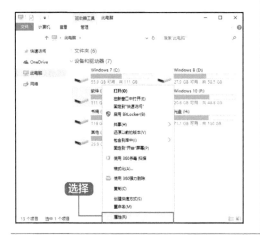

2 优化和整理

弹出【软件（E：）属性】对话框，选择【工具】选项卡，在【对驱动器进行优化和碎片整理】选区中单击【优化】按钮。

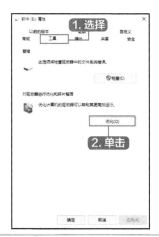

3 优化驱动

弹出【优化驱动器】对话框，如选择【软件（E：）】选项，单击【分析】按钮。

4 分析磁盘

系统开始自动分析磁盘，在对应的当前状态栏下显示碎片分析的进度。

5 整理操作

分析完成后，单击【优化】按钮，系统开始自动对磁盘碎片进行整理操作。

6 单击【启用】按钮

除了手动整理磁盘碎片外，用户还可以设置自动整理碎片的计划，单击【启用】按钮。

7 设置自动检查

弹出【磁盘碎片整理程序：修改计划】对话框，用户可以设置自动检查碎片的频率、日期、时间和磁盘分区，设置完成后，单击【确定】按钮。

8 完成磁盘设置

返回到【磁盘碎片整理程序】窗口，单击【关闭】按钮，即可完成磁盘的碎片整理及设置。

6.2 加快系统运行速度

本节视频教学时间 / 5分钟

用户可以对电脑中的一些选项进行设置，结束多余的进程、取消显示开机锁屏界面及取消开机密码等，从而加快电脑运行速度。

6.2.1 结束多余的进程

结束多余进程可以提高电脑运行的速度。具体的操作步骤如下。

1 本机开启进程

按键盘上的【Ctrl+Alt+Del】组合键，打开【Windows任务管理器】窗口，选择【进程】选项卡，即可看到本机中开启的所有进程。

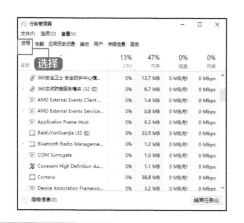

提示 【Windows任务管理器】窗口中主要含有如下系统进程。

（1）smss.exe：会话管理。

（2）csrss.exe：子系统服务器进程。

（3）winlogon.exe：管理用户登录。

（4）service.exe：系统服务进程。

（5）lsass.exe：管理IP安全策略及启动ISAKMP/Oakley（IKE）和IP安全启动程序。

（6）svchost.exe：从动态链接库中运行服务的通用主机进程（在Windows XP系统中通常有6个svchost.exe进程）。

（7）spoolsv.exe：将文件加载到内存中以便打印。

（8）explorer.exe：资源管理进程。

（9）internat.exe：输入法进程。

2 结束任务

在进程列表中查找多余的进程，然后单击鼠标右键，从弹出的快捷菜单中选择【结束任务】菜单项，即可结束当前进程。

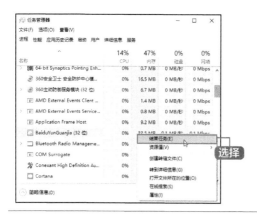

提示 单击【结束进程】按钮，也可结束选中的进程。

6.2.2 取消显示开机锁屏界面

虽然开机锁屏界面，给人以绚丽的视觉效果，但是不免影响了开机时间和速度，用户可以根据需要取消系统启动后的锁屏界面，具体步骤如下。

1 输入"gpedit.msc"命令

按【Win+R】组合键，打开【运行】对话框，输入"gpedit.msc"命令，按【Enter】键。

2 设置个性化

弹出【本地组策略编辑器】对话框，单击【计算机配置】➤【管理模板】➤【控制面板】➤【个性化】命令，在【设置】列表中双击打开【不显示锁屏】命令。

3 设置开机锁屏

弹出【不显示锁屏】对话框，选择【已启用】单选项，单击【确定】按钮，即可取消显示开机锁屏界面。

6.2.3 取消开机密码，设置Windows自动登录

虽然使用账户登录密码，可以保护电脑的隐私安全，但是每次登录时都要输入密码，对于一部分用户来讲，过于麻烦。用户可以根据需求，选择是否使用开机密码，如果希望Windows可以跳过输入密码步骤直接登录，可以参照以下步骤。

1 输入"netplwiz"命令

在电脑桌面中，按【Windows+R】组合键，打开【运行】对话框，在文本框中输入"netplwiz"命令，按【Enter】键确认。

2 勾选复选框

弹出【用户账户】对话框，选中本机用户，并取消勾选【要使用计算机，用户必须输入用户名和密码】复选框，单击【应用】按钮。

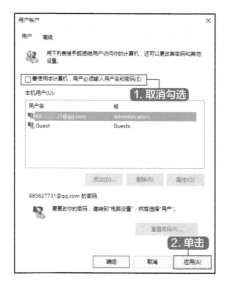

3 输入账户密码

弹出【自动登录】对话框，在【密码】和【确认密码】文本框中输入当前账户密码，然后单击【确定】按钮即可取消开机登录密码。

4 直接登录系统

再次重新登录时，无需输入用户名和密码，直接登录系统。

> 提示　如果在锁屏状态下，则还是需要输入账户密码的，只有在启动系统登录时，可以免输入账户密码。

6.3　系统瘦身

本节视频教学时间 / 3分钟

对于系统不常用的功能，可以将其关闭，从而给系统瘦身，达到调高电脑性能的目的。

6.3.1　关闭系统还原功能

Windows操作系统提供了系统还原功能，当系统被破坏时，可以恢复到正常状态。但是这样占用了系统资源，如果不需要此功能，可以将其关闭。关闭系统还原功能的具体操作步骤如下。

1 输入"gpedit.msc"命令

按【Windows+R】组合键，弹出【运行】对话框，在【打开】文本框中输入"gpedit.msc"命令。

2 关闭系统还原

弹出【本地组策略编辑器】窗口，选择【计算机配置】▶【管理模板】▶【系统】▶【系统还原】选项，在右侧的窗口中双击【关闭系统还原】选项。

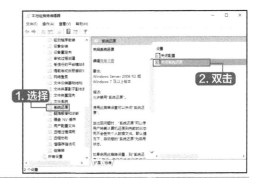

3 单击【确定】按钮

弹出【关闭系统还原】窗口，选择【已启用】单选按钮，然后单击【确定】按钮即可。

6.3.2　更改临时文件夹位置

把临时文件转移到非系统分区中，既可以为系统瘦身，也可以避免在系统分区内产生大量的碎片而影响系统的运行速度，还可以轻松地查找临时文件，进行手动删除。更改临时文件夹位置的具体操作步骤如下。

1 选择属性

右键单击桌面上的【此电脑】图标，在弹出的快捷菜单中选择【属性】菜单命令，弹出【系统】窗口。

2 环境变量

单击【更改设置】链接，弹出【系统属性】对话框，单击【高级】选项卡下的【环境变量】按钮。

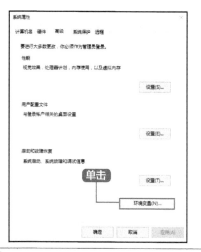

3 编辑变量

弹出【环境变量】对话框，在【变量】组中包括两个变量：TEMP和TMP，选择TEMP变量，单击【编辑】按钮。

> **提 示** TEMP和TMP文件是各种软件或系统产生的临时文件，也就是常说的垃圾文件，两者都是一样的。TMP是TEMP的简写形式，TMP的可以向后（DOS）兼容。

4 编辑用户变量

弹出【编辑用户变量】对话框，在【变量值】文本框中输入更改后的位置"E:\Temp"，单击【确定】按钮。

> **提 示** 【变量名】文本框显示要编辑变量的名称，【变量值】文本框主要是设置临时文件夹的位置，可以根据需要设置在其他非系统盘中。

5 环境变量

返回到【环境变量】对话框，可以看到变量的路径已经改变。使用同样的方法更改变量TMP的值即可，单击【确定】按钮，完成临时文件夹位置的更改。

6.3.3 禁用休眠

Windows操作系统默认情况下已打开休眠支持功能，在操作系统所在分区中创建文件 hiberfil.sys 的系统隐藏文件，该文件的大小与正在使用的内存容量有关。

 提示　如果不需要休眠功能，可以将其关闭，这样可以节省更多的磁盘空间。

禁用休眠功能的具体操作步骤如下。

1 输入"cmd"命令

按【Windows+R】组合键，弹出【运行】对话框，在【打开】文本框中输入"cmd"命令，单击【确定】按钮。

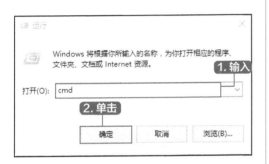

2 禁用休眠

在命令行提示符中输入"powercfg -h off"，按【Enter】键确认，即可禁用休眠功能。

6.4　使用360安全卫士优化电脑

本节视频教学时间 / 6分钟

使用软件对操作系统进行优化是常用的优化系统的方式之一。目前，网络上存在多种软件，都能对系统进行优化，如360安全卫士、腾讯电脑管家、百度卫士等，本节主要讲述如何使用360优化电脑。

6.4.1　电脑优化加速

360安全卫士的优化加速功能可以提升开机速度、系统速度、上网速度和硬盘速度，具体操作步骤如下。

1 优化加速

双击桌面上的【360安全卫士】快捷图标,打开【360安全卫士】主窗口,单击【优化加速】图标。

2 开始扫描

进入【优化加速】界面,单击【开始扫描】按钮。

3 立即优化

扫描完成后,会显示可优化项,单击【立即优化】按钮。

4 确认优化

弹出【一键优化提醒】对话框,勾选需要优化的选项。如需全部优化,单击【全选】按钮;如需进行部分优化, 在需要优化的项目前,单击复选框,然后单击【确认优化】按钮。

5 项目优化

对所选项目优化完成后,即可提示优化的项目及优化提升效果,如下图所示。

6 运行加速

单击【运行加速】按钮,则弹出【360加速球】对话框,可快速实现对可关闭程序、上网管理、电脑清理等管理。

6.4.2 给系统盘瘦身

如果系统盘可用空间太小，则会影响系统的正常运行，本节主要讲述使用360安全卫士的【系统盘瘦身】功能，释放系统盘空间。

1 单击超链接

双击桌面上的【360安全卫士】快捷图标，打开【360安全卫士】主窗口，单击窗口右下角的【更多】超链接。

2 添加系统盘瘦身

进入【全部工具】界面，在【系统工具】类别下，将鼠标移至【系统盘瘦身】图标上，单击显示的【添加】按钮。

3 运行系统盘瘦身

工具添加完成后，打开【系统盘瘦身】工具，单击【立即瘦身】按钮，即可进行优化。

4 重启电脑

完成后，即可看到释放的磁盘空间。由于部分文件需要重启电脑后才能生效，单击【立即重启】按钮，重启电脑。

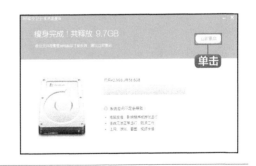

6.4.3 转移系统盘重要资料和软件

如果使用了【系统盘瘦身】功能后，系统盘可用空间还是偏小，可以尝试转移系统盘重要资料和软件，以腾出更大的空间。本节使用【C盘搬家】小工具转移资料和软件，具体操作步骤如下。

1 C盘搬家

进入360安全卫士的【全部工具】界面，在【实用小工具】类别下，添加【C盘搬家】工具。

2 重要资料

添加完毕后，打开该工具。在【重要资料】选项卡下，勾选需要搬移的重要资料，单击【一键搬资料】按钮。

提示 如果需要修改重要资料和软件、搬移目标文件，单击窗口下面的【更改】按钮即可修改。

---

3 360 C盘搬家

弹出【360 C盘搬家】提示框，单击【继续】按钮。

4 提示搬移

此时，即可对所选重要资料进行搬移，完成后，则提示搬移的情况，如下图所示。

5 一键搬软件

单击【关闭】按钮，选择【C盘软件】选项卡，即可看到C盘中安装的软件。软件默认勾选建议搬移的软件，用户也可以自行选择搬移的软件，在软件名称前，勾选复选框即可。选择完毕后，单击【一键搬软件】按钮。

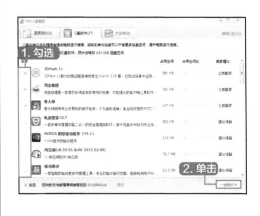

6 360 C盘搬家

弹出【360 C盘搬家】提示框，单击【继续】按钮。

7 释放磁盘空间

此时，即可进行软件搬移，完成后即可看到释放的磁盘空间。

按照上述方法，用户也可以搬移C盘中的大型文件。另外除了讲述的小工具，用户还可以使用【查找大文件】、【注册表瘦身】、【默认软件】等优化电脑，在此不再一一赘述，用户可以进行有需要的添加和使用。

 高手私房菜

技巧1：手工清理注册表

对于电脑高手来说，手工清理注册表是最有效、最直接的清除注册表垃圾的方法。手工清理注册表的具体操作步骤如下。

1 注册表编辑器

打开【注册表编辑器】窗口，在左侧的窗格中展开并选中需要删除的项，选择【编辑】▶【删除】菜单命令。

提示 在删除项上右键单击，在弹出的快捷菜单中选择【删除】命令，也可以删除注册表信息。

2 单击【是】按钮

随即弹出【确认项删除】对话框，提示用户是否确实要删除这个项和所有其子项，单击【是】按钮，即可将该项删除。

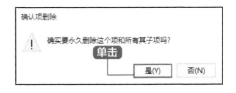

提示 对于初学电脑的用户，自己清理注册表垃圾是非常危险的，弄不好会造成系统瘫痪，因此，最好不要手工清理注册表。建议利用注册表清理工具来清理注册表中的垃圾文件。

技巧2：利用组策略设置用户权限

当多人共用一台电脑时，可以在【本地组策略编辑器】中设置不同的用户权限，这样就可以限制黑客访问该电脑时的某些操作。具体操作步骤如下。

1 设置窗口

在【本地组策略编辑器】窗口中展开【计算机配置】▶【Windows设置】▶【安全设置】▶【本地策略】▶【用户权限分配】选项，即可进入【用户权限分配】设置窗口。

2 改变用户权限

双击需要改变的用户权限选项，如【从网络访问此计算机】选项，即可打开【从网络访问此计算机 属性】对话框。

3 完成用户权限设置

单击【添加用户或组】按钮，即可打开【选择计算机】对话框，在【输入对象名称来选择】文本框中输入添加对象的名称。单击【确定】按钮，即可完成用户权限的设置操作。

第 7 章

电脑系统的备份、还原与重装

本章视频教学时间：21分钟

用户在使用电脑的过程中，有时会不小心删除系统文件，或系统遭受病毒与木马的攻击，都有可能导致系统崩溃或无法进入操作系统，这时用户就不得不重装系统。但是如果进行了系统备份，就可以直接将其还原，以节省时间。

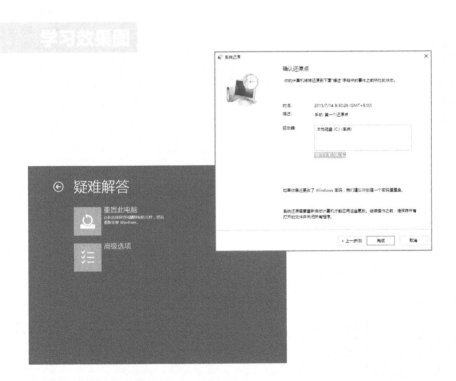

7.1 使用Windows系统工具备份与还原系统

本节视频教学时间 / 6分钟

Windows 10操作系统中自带了备份工具，支持对系统的备份与还原，在系统出问题时可以使用创建的还原点，恢复还原点的状态。

7.1.1 使用Windows系统工具备份系统

Windows操作系统自带的备份还原功能非常强大，支持4种备份还原工具，分别是文件备份还原、系统映像备份还原、早期版本备份还原和系统还原，为用户提供了高速度、高压缩的一键备份还原功能。

1. 开启系统还原功能

部分系统或因为某些优化软件会关联系统还原功能，所以要想使用Windows系统工具备份和还原系统，需要开启系统还原功能。具体的操作步骤如下。

1 选择属性

右键单击电脑桌面上的【此电脑】图标，在弹出的快捷菜单命令中，选择【属性】菜单命令。

2 系统保护

在打开的窗口中，单击【系统保护】超链接。

3 选择分区

弹出【系统属性】对话框，在【保护设置】列表框中选择系统所在的分区，并单击【配置】按钮。

4 系统保护

弹出【系统保护本地磁盘】对话框，单击选中【启用系统保护】单选按钮，单击鼠标调整【最大使用量】滑块到合适的位置，然后单击【确定】按钮。

2. 创建系统还原点

用户开启系统还原功能后，默认打开保护系统文件和设置的相关信息，保护系统。用户也可以创建系统还原点，当系统出现问题时，就可以方便地恢复到创建还原点时的状态。

1 系统保护

根据上述的方法，打开【系统属性】对话框，并单击【系统保护】选项卡，然后选择系统所在的分区，单击【创建】按钮。

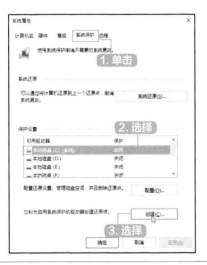

2 输入还原点

弹出【系统保护】对话框，在文本框中输入还原点的描述性信息。单击【创建】按钮。

3 创建还原点

即可开始创建还原点。

4 创建完毕

创建还原点的时间比较短，稍等片刻就可以了。创建完毕后，将弹出"已成功创建还原点"提示信息，单击【关闭】按钮即可。

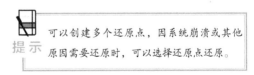

> **提示** 可以创建多个还原点，因系统崩溃或其他原因需要还原时，可以选择还原点还原。

7.1.2 使用Windows系统工具还原系统

在为系统创建好还原点之后，一旦系统遭到病毒或木马的攻击，致使系统不能正常运行，这时就可以将系统恢复到指定还原点。

下面介绍如何还原到创建的还原点，具体操作步骤如下。

1 系统还原

打开【系统属性】对话框，在【系统保护】选项卡下，单击【系统还原】按钮。

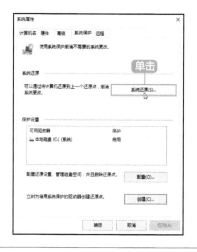

2 单击【下一步】按钮

弹出【系统还原】对话框，单击【下一步】按钮。

3 确认还原点

在【确认还原点】界面中，显示了还原点，如果有多个还原点，建议选择距离出现故障时间最近的还原点即可，单击【完成】按钮。

4 继续还原

弹出"启动后，系统还原不能中断。你希望继续吗？"提示框，单击【是】按钮。

5 自动重启

即会显示"正在准备还原系统"，当进度条结束后，电脑自动重启。

6 无需操作

进入配置更新界面，如下图所示，无需任何操作。

7 还原文件和设置

配置更新完成后，即会还原Windows文件和设置。

8 还原成功提示

系统还原结束后，再次进入电脑桌面即可看到还原成功提示，如下图所示。

7.1.3 系统无法启动时进行系统还原

系统出问题无法正常进入系统时，就无法通过【系统属性】对话框进行系统还原，需要通过其他办法进行系统恢复。具体解决办法，可以参照以下方法。

1 疑难解答

当系统启动失败两次后，第三次启动即会进入【选择一个选项】界面，单击【疑难解答】选项。

2 高级选项

打开【疑难解答】界面，单击【高级选项】选项。

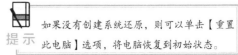

> 提示　如果没有创建系统还原，则可以单击【重置此电脑】选项，将电脑恢复到初始状态。

3 系统还原

打开【高级选项】界面，单击【系统还原】选项。

4 电脑重启

电脑即会重启，显示"正在准备系统还原"界面，如下图所示。

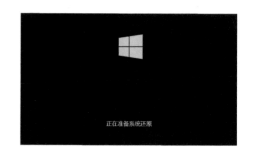

5 还原账户

进入【系统还原】界面，选择要还原的账户。

6 输入账户密码

选择账户后，在文本框输入该账户的密码，并单击【继续】按钮。

7 根据提示操作

弹出【系统还原】对话框，用户即可根据提示进行操作。

8 选择要还原点

在【将计算机还原到所选事件之前的状态】界面中，选择要还原的点，单击【下一步】按钮。

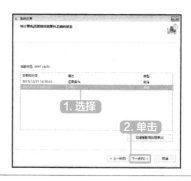

9 确认还原点

在【确认还原点】界面中，单击【完成】按钮。

10 进入还原中

系统即进入还原中，如下图所示。

11 重新启动

提示系统还原成功后，单击【重新启动】按钮即可。

7.2 使用GHOST一键备份与还原系统

本节视频教学时间 / 5分钟

虽然Windows 10操作系统中自带了备份工具，但操作较为麻烦，下面介绍一种快捷的备份和还原系统的方法——使用GHOST备份和还原。

7.2.1 一键备份系统

使用一键GHOST备份系统的操作步骤如下。

1 备份系统

下载并安装一键GHOST后，即可打开【一键恢复系统】对话框，此时一键GHOST开始初始化。初始化完毕后，将自动选中【一键备份系统】单选项，单击【备份】按钮。

2 一键GHOST

打开【一键GHOST】提示框，单击【确定】按钮。

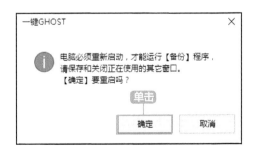

3 启动一键GHOST

系统开始重新启动，并自动弹出GRUB4DOS菜单，在其中选择第一个选项，表示启动一键GHOST。

4 运行GHOST 11.2

系统自动选择完毕后，接下来会弹出【MS-DOS一级菜单】界面，在其中选择第一个选项，表示在DOS安全模式下运行GHOST 11.2。

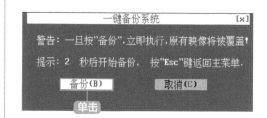

5 选择第一个选项

选择完毕后，接下来会弹出【MS-DOS二级菜单】界面，在其中选择第一个选项，表示支持IDE、SATA兼容模式。

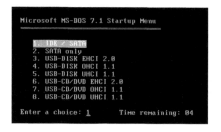

6 一键备份

根据C盘映像文件存在情况，将会从主窗口自动进入【一键备份系统】警告窗口，提示用户开始备份系统。选择【备份】按钮。

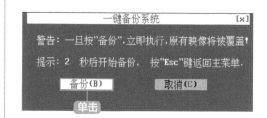

7 开始备份

此时，开始备份，系统如右图所示。

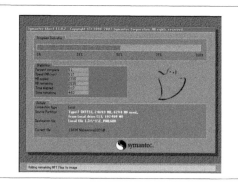

7.2.2 一键还原系统

使用一键GHOST还原系统的操作步骤如下。

1 单击恢复

打开【一键GHOST】对话框。单击【恢复】按钮。

2 重新启动

打开【一键GHOST】对话框，提示用户电脑必须重新启动，才能运行【恢复】程序。单击【确定】按钮。

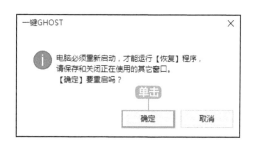

3 启动一键GHOST

系统开始重新启动，并自动弹出GRUB4DOS菜单，在其中选择第一个选项，表示启动一键GHOST。

4 运行GHOST 11.2

系统自动选择完毕后，接下来会弹出【MS-DOS一级菜单】界面，在其中选择第一个选项，表示在DOS安全模式下运行GHOST 11.2。

5 选择选项

选择完毕后，接下来会弹出【MS-DOS二级菜单】界面，在其中选择第一个选项，表示支持IDE、SATA兼容模式。

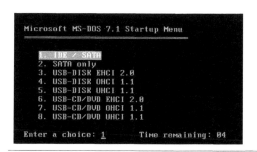

6 恢复系统

根据C盘是否存在映像文件，将会从主窗口自动进入【一键恢复系统】警告窗口，提示用户开始恢复系统。选择【恢复】按钮，即可开始恢复系统。

7 开始恢复系统

此时，开始恢复系统，如下图所示。

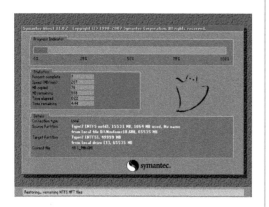

8 恢复成功

在系统还原完毕后，将弹出一个信息提示框，提示用户恢复成功，单击【Reset Computer】按钮重启电脑，然后选择从硬盘启动，即可将系统恢复到以前的状态。至此，就完成了使用GHOST工具还原系统的操作。

7.3 重置电脑

本节视频教学时间 / 2分钟

Windows 10操作系统中提供了重置电脑功能，用户可以在电脑出现问题、无法正常运行或者需要恢复到初始状态时重置电脑，具体操作如下。

1 设置恢复

按【Win+I】组合键，打开【设置】界面，单击【更新和安全】➤【恢复】选项，选择【恢复】选项，在右侧的【重置此电脑】区域单击【开始】按钮。

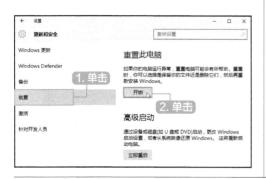

2 保留我的文件

弹出【选择一个选项】界面，单击选择【保留我的文件】选项。

3 删除应用

弹出【将会删除你的应用】界面，单击
【下一步】按钮。

4 单击【下一步】按钮

弹出【警告！】界面，单击【下一步】
按钮。

5 重置电脑

弹出【准备就绪，可以重置这台电脑】界
面，单击【重置】按钮。

6 重新启动

电脑重新启动，进入【重置】界面。

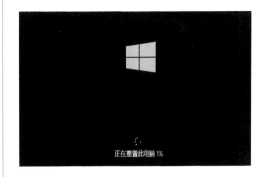

7 进入安装界面

重置完成后会进入Windows安装界面。

8 恢复应用列表

安装完成后自动进入Windows 10桌面，可
以看到恢复电脑时删除的应用列表。

7.4 重装系统

由于种种原因，如用户误删除系统文件、病毒程序将系统文件破坏等，导致系统中的重要文件丢失或受损，甚至系统崩溃无法启动，此时就不得不重装系统了。另外，有些时候，系统虽然能正常运行，但是却经常出现不定期的错误提示，甚至系统修复之后也不能消除这一问题，那么也必须重装系统。

7.4.1 什么情况下重装系统

具体地来讲，当系统出现以下三种情况之一时，就必须考虑重装系统了。

（1）系统运行变慢

系统运行变慢的原因有很多，如垃圾文件分布于整个硬盘而又不便于集中清理和自动清理，或者是计算机感染了病毒或其他恶意程序而无法被杀毒软件清理等。这样就需要对磁盘进行格式化处理并重装系统了。

（2）系统频繁出错

众所周知，操作系统是由很多代码和程序组成的，在操作过程中可能由于误删除某个文件或者是被恶意代码改写等原因，系统出现错误，此时如果该故障不便于准确定位或轻易解决，就需要考虑重装系统了。

（3）系统无法启动

导致系统无法启动的原因很多，如DOS引导出现错误、目录表被损坏或系统文件"Nyfs.sys"文件丢失等。如果无法查找出系统不能启动的原因或无法修复系统以解决这一问题时，就需要重装系统。

另外，一些电脑爱好者为了能使电脑在最优的环境下工作，也会定期重装系统，这样就可以为系统减肥。但是，不管是哪种情况下重装系统，重装系统的方式都分为两种，一种是覆盖式重装，一种是全新重装。前者是在原操作系统的基础上进行重装，其优点是可以保留原系统的设置，缺点是无法彻底解决系统中存在的问题。后者则是对系统所在的分区重新格式化，其优点是彻底解决系统的问题。因此，在重装系统时，建议选择全新重装。

7.4.2 重装前应注意的事项

在重装系统之前，用户需要做好充分的准备，以避免重装之后造成数据丢失等严重后果。那么在重装系统之前应该注意哪些事项呢？

（1）备份数据

在因系统崩溃或出现故障而准备重装系统前，首先应该想到的是备份好自己的数据。这时，一定要静下心来，仔细罗列一下硬盘中需要备份的资料，把它们一项一项地写在一张纸上，然后逐一对照进行备份。如果硬盘不能启动，这时需要考虑用其他启动盘启动系统，然后拷贝自己的数据，或将硬盘挂接到其他电脑上进行备份。但是，最好的办法是在平时就养成备份重要数据的习惯，这样就可以有效避免硬盘数据不能恢复的现象。

（2）格式化磁盘

重装系统时，格式化磁盘是解决系统问题最有效的办法，尤其是在系统感染病毒后，最好不要只格式化C盘，如果有条件将硬盘中的数据全部备份或转移，尽量将整个硬盘都进行格式化，以保证新系统的安全。

（3）牢记安装序列号

安装序列号相当于一个人的身份证号，标识这个安装程序的身份。如果不小心丢掉自己的安装序列号且采用的是全新安装，那么在重装系统时，安装过程将无法进行下去。正规的安装光盘的序列号会在软件说明书中或光盘封套的某个位置上。但是，如果用的是某些软件合集光盘中提供的测试版系统，那么，这些序列号可能是存在于安装目录中的某个说明文本中，如SN.TXT等文件。因此，在重装系统之前，首先将序列号读出并记录下来以备使用。

7.4.3 重新安装系统

如果系统不能正常运行，就需要重新安装系统，重装系统就是重新将系统安装一遍，下面以Windows 10为例，简单介绍重装的方法。

 提示　如果不能正常进入系统，可以使用U盘、DVD等重装系统，具体操作可参照第2章。

1 接受许可条款

直接运行目录中的setup.exe文件，在许可协议界面，单击选中【我接受许可条款】复选框，并单击【接受】按钮。

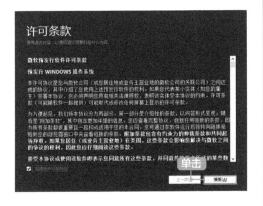

2 检查安装环境

进入【正在确保你已准备好进行安装】界面，检查安装环境界面，检测完成，单击【下一步】按钮。

3 注意事项

进入【你需要关注的事项】界面，在显示结果界面即可看到注意事项，单击【确认】按钮，然后单击【下一步】按钮。

4 单击安装

如果没有需要注意的事项则会出现下图所示界面，单击【安装】按钮即可。

> **提示** 如果要更改升级后需要保留的内容，可以单击【更改要保留的内容】链接，在下图所示的窗口中进行设置。

5 重装Windows 10

即可开始重装Windows 10，显示【安装Windows 10】界面。

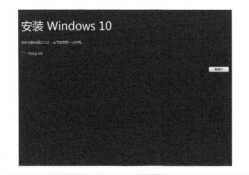

6 完成重装

电脑重启几次后，即可进入Windows 10界面，表示完成重装。

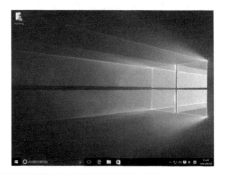

技巧：进入Windows 10安全模式

Windows 10以前版本的操作系统，可以在开机进入Windows系统启动画面之前按【F8】键或者启动计算机时按住【Ctrl】键进入安全模式，安全模式下可以在不加载第三方设备驱动程序的情况下启动电脑，使电脑运行在系统最小运行模式，这样用户就可以方便地检测与修复计算机系统的错误。下面介绍在Windows 10操作系统中进入安全模式的操作步骤。

1 更新和安全

按【Win+I】组合键，打开【设置】窗口，单击【更新和安全】图标选项。

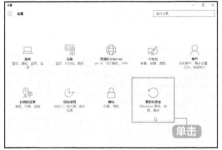

2 立即重启

弹出【更新和安全】设置窗口，在左侧列表中选择【恢复】选项，在右侧【高级启动】区域单击【立即重启】按钮。

3 选择一个选项

打开【选择一个选项】界面，单击【疑难解答】选项。

提示 在Windows 10桌面，按住【Shift】键的同时依次选择【电源】▶【重新启动】选项，也可以进入该界面。

4 疑难解答

打开【疑难解答】界面，单击【高级选项】选项。

5 启动设置

进入【高级选项】界面，单击【启动设置】选项。

6 单击重启

进入【启动设置】界面，单击【重启】按钮。

7 启用安全模式

系统即可开始重启，重启后会看到下图所示的界面。按【F4】键或数字【4】键选择"启用安全模式"。

提 示 如果你需要使用Internet，选择5或F5进入"网络安全模式"。

8 进入安全模式

电脑即会重启，进入安全模式，如下图所示。

提 示 打开【运行】对话框，输入"msconfig"后单击【确定】按钮，在打开的【系统配置】对话框中选择【引导】选项卡，在【引导选项】组中单击选中【安全引导】复选框，然后单击【确定】按钮，系统提示重新启动后，并进入安全模式。

第 **8** 章
网络的连接与维护

网络影响着人们的生活和工作的方式，通过上网，我们可以和万里之外的人交流信息。而上网的方式也是多种多样的，它们带来的效果也是有差异的，用户可以根据自己的实际情况来选择不同的上网方式。本章主要介绍网络的连接与维护方面的知识。

学习效果图

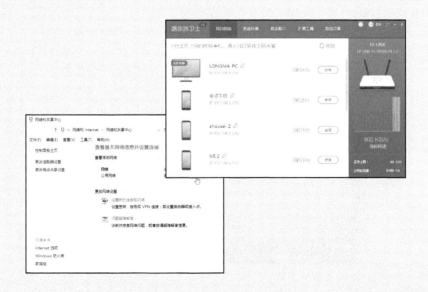

8.1 电脑连接上网

本节视频教学时间 / 10分钟

上网的方式多种多样，主要的上网方式包括ADSL宽带上网、小区宽带上网、PLC上网等，不同的上网方式所带来的网络体验也不尽相同，本节主要讲述有线网络的设置。

8.1.1 ADSL上网

ADSL是一种数据传输方式，它采用频分复用技术把普通的电话线分成了电话、上行和下行3个相对独立的信道，从而避免了相互之间的干扰。即使边打电话边上网，也不会发生上网速率和通话质量下降的情况。通常ADSL在不影响正常电话通信的情况下可以提供最高3.5Mbit/s的上行速度和最高24Mbit/s的下行速度，ADSL的速率比N-ISDN、Cable Modem的速率要快得多。

1. 开通业务

常见的宽带服务商为电信和联通，申请开通宽带上网一般可以通过两条途径实现。一种是携带有效证件（个人用户携带电话机主身份证，单位用户携带公章。），直接到受理ADSL业务的当地电信局申请；另一种是登录当地电信局推出的办理ADSL业务的网站进行在线申请。申请ADSL服务后，当地服务提供商的员工会主动上门安装ADSL Modem并做好上网设置。进而安装网络拨号程序，并设置上网客户端。ADSL的拨号软件有很多，但使用最多的还是Windows系统自带的拨号程序。

> **提示** 用户申请后会获得一组上网账号和密码。有的宽带服务商会提供ADSL Modem，有的则不提供，用户需要自行购买。

2. 设备的安装与设置

开通ADSL后，用户还需要连接ADSL Modem，需要准备一根电话线和一根网线。

ADSL安装包括局端线路调整和用户端设备安装。在局端方面，由服务商将用户原有的电话线串接入ADSL局端设备。用户端的ADSL安装也非常简易方便，只要将电话线与ADSL Modem之间用一条两芯电话线连上，然后将电源线和网线插入ADSL Modem对应接口中即可完成硬件安装，具体接入方法见下图。

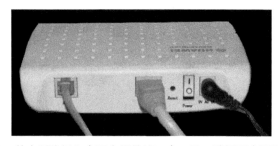

① 将ADSL Modem的电源线插入上图右侧的接口中，另一端插到电源插座上。

② 取一根电话线，将一端插入上图左侧的插口中，另一端与室内端口相连。

③ 将网线的一端插入ADSL Modem中间的接口中，另一端与主机的网卡接口相连。

提示　电源插座通电情况下按下ADSL Modem的电源开关，如果开关旁边的指示灯亮，表示
ADSL Modem可以正常工作。

3. 电脑端配置

电脑中的设置步骤如下。

1 宽带连接

单击状态栏的【网络】按钮，在弹出的界面选择【宽带连接】选项。

2 设置宽带

弹出【网络和INTERNET】设置窗口，选择【拨号】选项，在右侧区域选择【宽带连接】选项，并单击【连接】按钮。

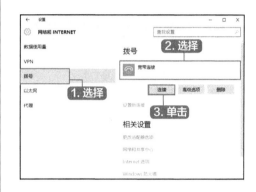

3 输入用户名和密码

弹出的【登录】对话框，在【用户名】和【密码】文本框中输入服务商提供的用户名和密码，单击【确定】按钮。

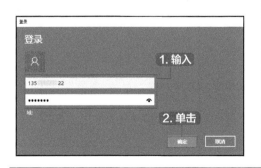

4 连接成功

即可看到正在连接，连接完成即可看到已连接的状态。

8.1.2 小区宽带上网

小区宽带一般指的是光纤到小区，也就是LAN宽带，使用大型交换机，分配网线给各户，不需要使用ADSL Modem设备，配有网卡的电脑即可连接上网。整个小区共享一根光纤。在用户不多的时候，速度非常快。这是大中城市目前较普遍的一种宽带接入方式，有多家公司提供此类宽带接入方式，如联通、电信和长城宽带等。

1．开通业务

小区宽带上网的申请比较简单，用户只需携带自己的有效证件和本机的物理地址到负责小区宽带的服务商申请即可。

2．设备的安装与设置

小区宽带申请业务开通后，服务商会安排工作人员上门安装。另外，不同的服务商会提供不同的上网信息，有的会提供上网的账号和密码；有的会提供IP地址、子网掩码以及DNS服务器；也有的会提供MAC地址。

3．电脑端配置

不同的小区宽带上网方式，其设置也不尽相同。下面讲述不同小区宽带上网方式。

（1）使用账户和密码

如果服务商提供上网账户和密码，用户只需将服务商接入的网线连接到电脑上，在【登录】对话框中输入用户名和密码，即可连接上网。

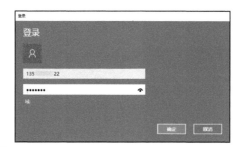

（2）使用IP地址上网

如果服务商提供IP地址、子网掩码以及DNS服务器，用户需要在本地连接中设置Internet（TCP/IP）协议，具体步骤如下。

1 连接网线

用网线将电脑的以太网接口和小区的网络接口连接起来，然后在【网络】图标上单击鼠标右键，在弹出的快捷菜单中选择【属性】命令，打开【网络和共享中心】窗口，单击【以太网】超链接。

2 单击【属性】

弹出【以太网 状态】对话框，单击【属性】按钮。

3 选中选项

单击选中【Internet协议版本4（TCP/IPv4）】选项，单击【属性】按钮。

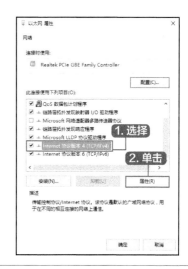

4 连接服务器

在弹出的对话框中，单击选中【使用下面的IP地址】单选项，然后在下面的文本框中填写服务商提供的IP地址和DNS服务器地址，然后单击【确定】按钮即可连接。

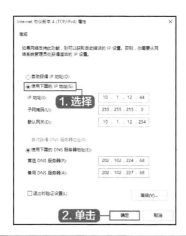

（3）使用MAC地址

如果小区或单位提供MAC地址，用户可以根据以下步骤进行设置。

1 打开以太网

打开【以太网 属性】对话框，单击【配置】按钮。

2 连接网络

弹出属性对话框，单击【高级】选项卡，在属性列表中选择【Network Address】选项，在右侧【值】文本框中，输入12位MAC地址，单击【确定】按钮即可连接网络。

8.1.3 PLC上网

PLC（Power Line Communication，电力线通信）是指利用电力线和语音信号传输数据的一种通信方式。电力线通信是将电力线作为通信载体，加上一些PLC局端和终端调制解调器，将原有电力网变成电力线通信网络，将原来所有的电源插座变为信息插座的一种通信技术。

1. 开通业务

申请PLC宽带的前提是用户所在的小区已经开通PLC电力线宽带。如果所在小区开通了PLC电力线宽带，用户可以通过"网上自助服务"或者拨打客服中心热线电话申请，在申请过程中用户需要提供个人身份信息。

2. 设备的安装与设置

电力线接入有两种方式：一是直接通过USB接口适配器和电力线以及PC连接；二是通过电力线→电力线以太网适配器→Cable/DSL路由器→Cable/DSL Modem/PC的方式接入。后者对于设备和资源的共享有比较大的优势。

1 连接电源

将配送的网线一端插入路由器LINE端网线口，另一端插入电力Modem网线口，然后把电力Modem连接至电源插座上。

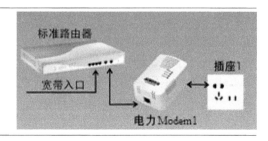

2 连接网线

将另外一个电力Modem插在其他电源插座上，然后将配送的网线一端插入电力Modem网线口中，另一端插入电脑的以太网接口，这样一台电脑就连接完毕。

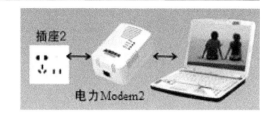

> **提示**　如果用户要以电力线接入方式入网，必须具备以下几个条件：一是具有USB/以太网（RJ45）接口的电力线网络适配器；二是具有以上接口的电脑；三是用于进行网络接入的电力线路不能有过载保护功能（会过滤掉网络信号）；四是最好有路由设备以方便共享。剩下的接入和配置与小区LAN、DSL接入类似，不同的是连接的网线插座变成了普通的电器插座。

3. 电脑端的配置

电脑接入电力Modem后，系统会自动检测到电力调制调解器，屏幕上会出现找到USB设备的对话框，单击【下一步】按钮后会出现【找到新的硬件向导】对话框，选择【搜索适于我的设备驱动程序（推荐）】选项，单击【下一步】按钮，然后根据系统向导对电脑进行设置即可。

> **提示**　如果使用的是动态IP地址，则安装设置已完成；如果是使用静态（固定）IP地址，则最好进行相应设置。在【Internet协议（TCP/IP）属性】对话框中，填写IP地址（最后一位数不要和本电力局域网其他电脑相同，如有冲突可重新填写。）、网关、子网掩码和DNS即可。

8.2　组建无线局域网

本节视频教学时间／9分钟

随着笔记本电脑、手机、平板电脑等便携式电子设备的日益普及和发展，有线连接已不能满足工作和生活需要。无线局域网不需要布置网线就可以将几台设备连接在一起。无线局域网以其高速的传输能力、方便性及灵活性，得到广泛应用。

8.2.1　组建无线局域网的准备

无线局域网目前应用最多的是无线电波传播，覆盖范围广，应用也较广泛。在组建中最重要的设备就是无线路由器和无线网卡。

（1）无线路由器

路由器是用于连接多个逻辑上分开的网络的设备，简单来说就是用来连接多个电脑实现共同上网，且将其连接为一个局域网的设备。

而无线路由器是指带有无线覆盖功能的路由器，主要应用于无线上网，也可将宽带网络信号转发给周围的无线设备使用，如笔记本、手机、平板电脑等。

如下图所示，无线路由器的背面由若干端口构成，通常包括1个WAN口、4个LAN口、1个电源接口和一个RESET（复位）键。

电源插孔　WAN 口　　LAM 口
RESET 键

● 电源接口，是路由器连接电源的插口。

● RESET键，又称为重置键，如需将路由器重置为出厂设置，可长按该键恢复。

● WAN口，是外部网线的接入口，将从ADSL Modem连出的网线直接插入该端口，或者小区宽带用户直接将网线插入该端口。

● LAN口，为用来连接局域网端口，使用网线将端口与电脑网络端口互联，实现电脑上网。

（2）无线网卡

无线网卡的作用、功能和普通电脑网卡一样，就是不通过有线连接，采用无线信号连接到局域网上的信号收发装置。而在无线局域网搭建时，采用无线网卡就是为了保证台式电脑可以接收无线路由器发送的无线信号，如果电脑（如笔记本）自带有无线网卡，则不需要再添置无线网卡。

目前，无线网卡较为常用的是PCI和USB接口两种，如下图所示。

PCI 接口　　　　　　　　　　　　　　　　　USB 接口

PCI接口无线网卡主要适用于台式电脑，将该网卡插入主板上的网卡槽内即可。PCI接口的网卡信号接收和传输范围广、传输速度快、使用寿命长、稳定性好。

USB接口无线网卡适用于台式电脑和笔记本电脑，即插即用，使用方便，价格便宜。

在选择上，如果考虑到便捷性可以选择USB接口的无线网卡，如果考虑到使用效果和稳定性、使用寿命等，建议选择PCI接口无线网卡。

（3）网线

网线是连接局域网的重要传输媒介，在局域网中常见的网线有双绞线、同轴电缆、光缆三种，而使用最为广泛的就是双绞线。

双绞线是由一对或多对绝缘铜导线组成的，为了减少信号传输中串扰及电磁干扰影响的程度，通常将这些线按一定的密度互相缠绕在一起，双绞线可传输模拟信号和数字信号，价格便宜，并且安装简单，所以得到广泛的使用。

　　一般使用方法就是和RJ45水晶头相连，然后接入电脑、路由器、交换机等设备中的RJ45接口。

RJ45 水晶头相连

RJ45接口也就是我们说的网卡接口，常见的RJ45接口有两类：用于以太网网卡、路由器以太网接口等的DTE类型，还有用于交换机等的DCE类型。DTE我们可以称做"数据终端设备"，DCE我们可以称作"数据通信设备"。从某种意义来说，DTE设备称为"主动通信设备"，DCE设备称为"被动通信设备"。

　　通常，在判定双绞线是否通路时，主要使用万用表和网线测试仪测试，而网线测试仪是使用最方便、最普遍的方法。

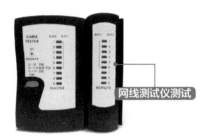

网线测试仪测试

　　双绞线的测试方法，是将网线两端的水晶头分别插入主机和分机的RJ45接口，然后将开关调制到"ON"位置（"ON"为快速测试，"S"为慢速测试，一般使用快速测试即可。），此时观察亮灯的顺序，如果主机和分机的指示灯1~8逐一对应闪亮，则表明网线正常。

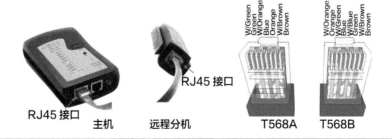

RJ45 接口　　　RJ45 接口

主机　　　远程分机　　　T568A　　　T568B

如下图为双绞线对应的位置和颜色，双绞线一端是按568A标准制作，一端按568B标准制作。

引脚	568A定义的色线位置	568B定义的色线位置
1	绿白（W-G）	橙白（W-O）
2	绿（G）	橙（O）
3	橙白（W-O）	绿白（W-G）
4	蓝（BL）	蓝（BL）
5	蓝白（W-BL）	蓝白（W-BL）
6	橙（O）	绿（G）
7	棕白（W-BR）	棕白（W-BR）
8	棕（BR）	棕（BR）

8.2.2　组建无线局域网

组建无线局域网的具体操作步骤如下。

1. 硬件搭建

在组建无线局域网之前，要将硬件设备搭建好。

首先，通过网线将电脑与路由器相连接，将网线一端接入电脑主机后的网孔内，另一端接入路由器的任意一个LAN口内。

然后，通过网线将ADSL Modem与路由器相连接，将网线一端接入ADSL Modem的LAN口，另一端接入路由器的WAN口内。

最后，将路由器自带的电源插头连接电源即可，此时即完成了硬件搭建工作。

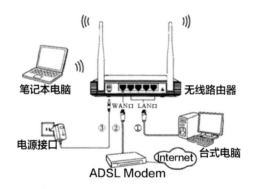

> **提示**　如果台式电脑要接入无线网，可安装无线网卡，然后将随机光盘中的驱动程序安装在电脑上即可。

2. 路由器设置

路由器设置主要指在电脑或便携设备端，为路由器配置上网账号，设置无线网络名称、密码等信息。

下面是以台式电脑为例，使用TP-LINK品牌的路由器（型号为WR882N），在Windows 10操作系统、Microsoft Edge浏览器的软件环境下的操作演示。具体步骤如下。

1 打开浏览器

完成硬件搭建后，启动任意一台电脑，打开IE浏览器，在地址栏中输入"192.168.1.1"，按【Enter】键，进入路由器管理页面。初次使用时，需要设置管理员密码，在文本框中输入密码和确认密码，然后按【确认】按钮完成设置。

> **提示** 不同路由器的配置地址不同，可以在路由器的背面或说明书中找到对应的配置地址、用户名和密码。部分路由器，输入配置地址后，弹出对话框，要求输入用户名和密码，此时，可以在路由器的背面或说明书中找到，输入即可。

另外用户名和密码可以在路由器设置界面的【系统工具】▶【修改登录口令】中设置。如果遗忘，可以在路由器开启的状态下，长按【RESET】键恢复出厂设置，登录账户名和密码恢复为原始状态。

2 设置向导

进入设置界面，选择左侧的【设置向导】选项，在右侧【设置向导】界面中单击【下一步】按钮。

3 选择上网方式

打开【设置向导】对话框选择连接类型，这里单击选中【让路由器自动选择上网方式】单选项，并单击【下一步】按钮。

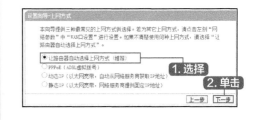

> **提示** PPPoE是一种协议，适用于拨号上网;而动态IP每连接一次网络，就会自动分配一个IP地址；静态IP是运营商给的固定的IP地址。

4 检测IP

如果检测为拨号上网，则输入账号和口令；如果检测为静态IP，则需输入IP地址和子网掩码，然后单击【下一步】按钮；如果检测为动态IP，则无需输入任何内容，直接跳转到下一步操作。

> **提示** 此处的用户名和密码是指在开通网络时，运营商提供的用户名和密码。如果账户和密码被遗忘或需要修改密码，可联系网络运营商找回或修改密码。若选用静态IP，所需的IP地址、子网掩码等都由运营商提供。

5 设置无线

在【设置向导-无线设置】页面，进入该界面设置路由器无线网络的基本参数，单击选中【WPA-PSK/WPA2-PSK】单选项，在【PSK密码】文本框中设置PSK密码。单击【下一步】按钮。

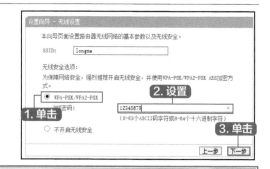

> **提示** 用户也可以在路由器管理界面，单击【无线设置】选项进行设置。
> SSID：是无线网络的名称，用户通过SSID号识别网络并登录；
> WPA-PSK/WPA2-PSK：基于共享密钥的WPA模式，使用安全级别较高的加密模式。在设置无线网络密码时，建议优先选择该模式，不选择WPA/WPA2和WEP这两种模式。

6 重启路由器

在弹出的页面单击【重启】按钮，如果弹出"此站点提示"对话框，提示是否重启路由器，单击【确定】按钮，即可重启路由器，完成设置。

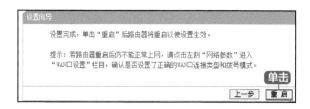

3. 连接上网

无线网络开启并设置成功后，其他电脑需要搜索设置的无线网络名称，然后输入密码，即可连接该网络。具体操作步骤如下所示。

1 连接无线网络

单击电脑任务栏中的无线网络图标 ，在弹出的对话框中会显示无线网络的列表，单击需要连接的网络名称，在展开项中，勾选【自动连接】复选框，方便网络连接，然后单击【连接】按钮。

2 设置无线网络密码

网络名称下方弹出的【输入网络安全密钥】对话框中，输入在路由器中设置的无线网络密码，单击【下一步】按钮即可。

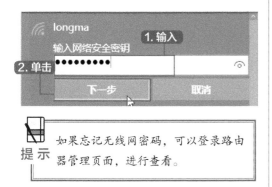

> **提示** 如果忘记无线网密码，可以登录路由器管理页面，进行查看。

3 验证成功

密钥验证成功后，即可连接网络，该网络名称下，则显示"已连接"字样，任务栏中的网络图标也显示为已连接样式 。

8.3 组建有线局域网

本节视频教学时间 / 7分钟

通过将多个电脑和路由器连接起来，组建一个小的局域网，可以实现多台电脑同时共享上网。本小节中以组建有线局域网为例，介绍多台电脑同时上网的方法。

8.3.1 组建有线局域网的准备

组建有线局域网和无线局域网最大的差别是无线信号收发设备上，其主要使用的是交换机或路由器。下面介绍下组件有线局域网的所需设备。

（1）交换机

交换机是用于电信号转发的设备，可以简单地理解为把若干台电脑连接在一起组成一个局域网，一般在家庭、办公室常用的交换机属于局域网交换机，而小区、一幢大楼等使用的多为企业级的以太网交换机。

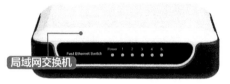

如上图所示的交换机，其外观和路由器外观并无太大差异，路由器上有单独一个WAN口，而交换机上全部是LAN口，另外，路由器一般只有4个LAN口，而交换机上有4～32个LAN口，其实这只是外观的对比，二者在本质上有明显的区别。

① 交换机是通过一根网线上网，如果几台电脑上网，是分别拨号，各自使用自己的带宽，互不影响。而路由器自带了虚拟拨号功能，是几台电脑通过一个路由器、一个宽带账号上网，几台电脑之间上网相互影响。

② 交换机工作是在中继层（数据链路层），是利用MAC地址寻找转发数据的目的地址，MAC地址是硬件自带的，是不可更改的，工作原理相对比较简单；而路由器工作是在网络层（第三层），是利用IP地址寻找转发数据的目的地址，可以获取更多的协议信息，以做出更多的转发决策。通俗地讲，交换机的工作方式相当于要找一个人，知道这个人的电话号码（类似于MAC地址），于是通过拨打电话和这个人建立连接；而路由器的工作方式是，知道这个人的具体住址××省××市××区××街道××号××单元××户（类似于IP地址），然后根据这个地址，确定最佳的到达路径，然后到这个地方，找到这个人。

③ 交换机负责配送网络，而路由器负责入网。交换机可以使连接它的多台电脑组建成局域网，但是不能自动识别数据包发送和到达地址的功能，而路由器则为这些数据包发送和到达的地址指明方向和进行分配。简单说就是交换机负责开门，路由器给用户找路上网。

④ 路由器具有防火墙功能，不传送不支持路由协议的数据包和未知目标网络的数据包，仅支持转发特定地址的数据包，防止了网络风暴。

⑤ 路由器也是交换机，如果要使用路由器的交换机功能，把宽带线插到LAN口上，把WAN空置起来就可以。

（2）路由器

组建有线局域网时，可不必要求为无线路由器，一般路由器即可使用，主要差别就是无线路由器带有无线信号收发功能，但价格较贵。

8.3.2　组建有线局域网

在日常生活和工作中，组建有线局域网的常用方法是使用路由器搭建和交换机搭建，也可以使用双网卡网络共享的方法搭建。本节主要介绍使用路由器组建有线局域网的方法。

使用路由器组建有线局域网，其中硬件搭建和路由器设置与组件无线局域网基本一致，如果电脑比较多的话，可以接入交换机，连接方式如下图。

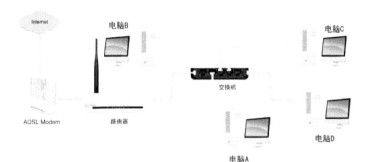

如果一台交换机和路由器的接口，还不能够满足电脑的使用，可以在交换机中接出一根线，连接到第二台交换机，利用第二台交换机的其余接口，连接其他电脑接口。以此类推，根据电脑数量增加交换机的布控。

路由器端的设置和无线网的设置方法一样，这里就不再赘述，为了避免所有电脑不在一个IP区域段中，可以执行下面操作，确保所有电脑之间的连接，具体操作步骤如下。

1 网络共享

在【网络】图标上单击鼠标右键，在弹出的快捷菜单中选择【打开网络和共享中心】命令，打开【网络和共享中心】窗口，单击【以太网】超链接。

2 获取IP地址

弹出【以太网状态】对话框，单击【属性】按钮，在弹出的对话框列表中选择【Internet协议版本4（TCP/IPv4）】选项，并单击【属性】按钮。在弹出的对话框中，单击选中【自动获取IP地址】和【自动获取DNS服务器地址】单选项，然后单击【确定】按钮即可。

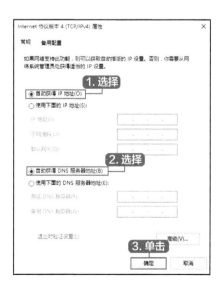

8.4 管理局域网

本节视频教学时间 / 5分钟

局域网搭建完成后，如网速情况、无线网密码和名称、带宽控制等都可能需要进行管理，以满足公司的使用，本节主要介绍一些常用的局域网管理内容。

8.4.1 网速测试

网速的快慢一直是用户较为关心的，在日常使用中，可以自行对带宽进行测试，本节主要介绍如何使用"360宽带测速器"进行测试。

1 打开360安全卫士

打开360安全卫士，单击其主界面上的【宽带测速器】图标。

> **提示** 如果软件主界面上无该图标，请单击【更多】超链接，进入【全部工具】界面下载。

3 显示接入速度

测试完毕后，软件会显示网络的接入速度。用户还可以依次测试长途网络速度、网页打开速度等。

> **提示** 如果个别宽带服务商采用域名劫持、缓存下载等技术方法，测试值可能高于实际网速。

2 宽带测速

打开【360宽带测速器】工具，软件自动进行宽带测速，如下图所示。

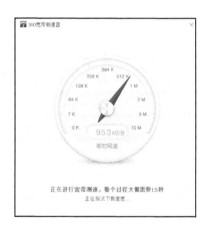

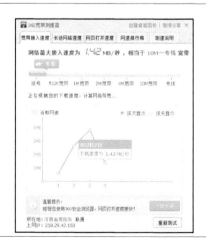

8.4.2 修改无线网络名称和密码

经常更换无线网名称有助于保护用户的无线网络安全，防止别人蹭取。下面以TP-Link路由器为例，介绍修改的具体步骤。

1 登录界面

打开浏览器，在地址栏中输入路由器的管理地址，如http://192.168.1.1，按【Enter】键，进入路由器登录界面，并输入管理员密码，单击【确认】按钮。

2 设置无线网络

单击【无线设置】➤【基本设置】选项，进入无线网络基本设置界面，在SSID号文本框中输入新的网络名称，单击【保存】按钮。

> **提示** 如果仅修改网络名称，单击【保存】按钮后，根据提示重启路由器即可。

3 设置无线网络安全

单击左侧【无线安全设置】超链接进入无线网络安全设置界面，在"WPA-PSK/WPA2-PSK"下面的【PSK密码】文本框中输入新密码，单击【保存】按钮，然后单击按钮上方出现的【重启】超链接。

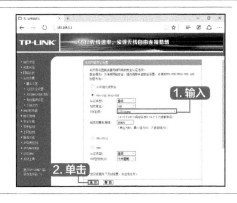

4 重启路由器

进入【重启路由器】界面，单击【重启路由器】按钮，将路由器重启即可。

8.4.3　IP的带宽控制

在局域网中，如果希望限制其他IP的网速，除了使用P2P工具外，还可以使用路由器的IP流量控制功能来管控。

1 单击超链接

打开浏览器，进入路由器后台管理界面，单击左侧的【IP带宽控制】超链接，单击【添加新条目】按钮。

提示　在IP带宽控制界面，勾选【开启IP带宽控制】复选框，然后设置宽带线路类型、上行总带宽和下行总带宽。宽带线路类型，如果上网方式为ADSL宽带上网，选择【ADSL线路】即可，否则选择【其他线路】。下行总带宽是通过WAN口可以提供的下载速度。上行总带宽是通过WAN口可以提供的上传速度。

2 设置带宽

进入【条目规则配置】界面，在IP地址范围中设置IP地址段、上行带宽和下行带宽，如右图设置则表示分配给局域网内IP地址为192.168.1.100的计算机的上行带宽最小128Kbit/s、最大256Kbit/s，下行带宽最小512Kbit/s、最大1024Kbit/s。设置完毕后，单击【保存】按钮。

3 设置连续IP地址段

如下图所示，设置了101~103的IP段，表示局域网内IP地址为192.168.1.101到192.168.1.103的三台计算机的带宽总和为上行带宽最小256kbit/s、最大512kbit/s，下行带宽最小1024kbit/s、最大2048kbit/s。

4 返回界面

返回IP宽带控制界面，即可看到添加的IP地址段。

8.4.4　关闭路由器无线广播

通过关闭路由器的无线广播，防止其他用户搜索到无线网络名称，从根本上杜绝别人蹭网。

打开浏览器，输入路由器的管理地址，登录路由器后台管理页面，单击【无线设置】▶【基本设置】超链接，进入【无线网络基本设置】页面，撤销勾选【开启SSID广播】复选框，并单击【保存】按钮，重启路由器即可。

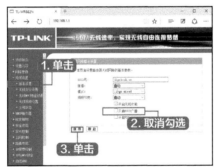

8.4.5　实现路由器的智能管理

智能路由器以其简单、智能的优点，成为路由器市场上的香饽饽，如果用户现在使用的不是智能路由器，也可以借助一些软件实现路由器的智能化管理。本节介绍的360路由器卫士，它可以让用户简单且方便地管理网络。

1 进入路由器主页

打开浏览器，在地址栏中输入http://iwifi.360.cn，进入路由器卫士主页，单击【电脑版下载】超链接。

提示 如果使用的是最新版本360安全卫士，会集成该工具，在【全部工具】界面可找到，则不需要单独下载并安装。

2 单击【下一步】按钮

打开路由器卫士，首次登录时，会提示输入路由器账号和密码。输入后，单击【下一步】按钮。

3 管理设备

此时，即可进到【我的路由】界面。用户可以看到接入该路由器的所有连网设备及当前网速。如果需要对某个IP进行带宽控制，就在对应的设备后面单击【管理】按钮。

4 限制网速

打开该设备管理对话框，在网速控制文本框中，输入限制的网速，单击【确定】按钮。

5 返回界面

返回【我的路由】界面，即可看到列表中该设备上显示【已限速】提示。

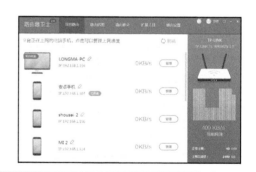

6 备份功能

同样，用户可以对路由器做防黑检测、设备跑分等。用户可以在【路由设置】界面备份上网账号、快速设置无线网及重启路由器功能。

8.5 上网故障

电脑网络是电脑应用中的一个非常重要的领域。网络故障主要来源于网络设备、操作系统、相关网络软件等方面。

8.5.1 诊断网络的常用方法

快速诊断网络故障的常见方法如下。

1. 检查网卡

网络不通是比较常见的网络故障，对于这种故障，用户首先应该认真检查各接入设备的网卡设置是否正常。当网络适配器的【属性】对话框的设备状态为【这个设备运转正常】，并且在网络邻居中能找到自己，说明网卡的配置是正确的。

2. 检查网卡驱动

如果硬件没有问题，用户还需检查驱动程序本身是否损坏、安装是否正确。在【设备管理器】窗口中可以查看网卡驱动是否有问题。如果硬件列表中有叹号或问号，则说明网卡驱动未正确安装或没有安装，此时需要删除不兼容的网卡驱动，然后重新安装网卡驱动，并设置正确的网络协议。

3. 使用网络命令测试

使用"Ping"命令测试本地的IP地址或电脑名的方法可以用于检查网卡和IP网络协议是否正确安装。例如路由器的IP地址为192.168.1.1，使用"Ping"命令测试网络的连通性。

（1）按【Windows+R】组合键，打开【运行】对话框，输入【cmd】命令，单击【确定】按钮。

（2）输入命令"Ping 192.168.1.1"，按【Enter】键执行命令，如果返回的数据包丢失为0%，则表示连接正常。

8.5.2 宽带接入故障

宽带正确连接是实现上网的第一步，下面将介绍常见的宽带接入故障。

1. 宽带接入的错误信息

连接宽带时，经常会弹出一些错误信息，根据提示信息，用户可以快速地排除故障。

● 【Error 797】：ADSL Modem连接设备没有找到。

【故障分析】：首先查看ADSL Modem电源有没有打开；网卡和ADSL Modem之间的连接线或网线是否有问题；软件安装以后相应的协议没有正确安装；在创建拨号连接时是否输入正确的用户名和密码等。

【故障排除】：检查电源、连接线是否松动，查看【宽带连接属性】对话框中的【网络】配置是否正确。

● 【Error 691】：输入的用户名和密码不对，无法建立连接。

【故障分析】：用户名和密码错误或ISP服务器故障。

【故障排除】：使用正确的用户名和密码重新连接，如果不行则使用正确的网络服务提供商提供的账号格式。

2. 常见的宽带连接故障

【故障表现】：使用ADSL上网，网络很不稳定，经常掉线。

【故障分析】：ADSL是一种充分挖掘电话线传输潜力的技术，它的通信状态受阻抗、信噪比和漏电流等各项技术参数的影响，倘若有个别参数超出正常范围则会出现上网时经常掉线的情况。

【故障排除】：首先检查传输线路是否良好，对于服务商到分线盒这一段，一般都是专用线缆，线路质量应有保证。而分线盒到用户这一段使用的都是平行线，各种参数都不理想，可以将这一段换成普通网线。另外，如果并接了多部电话，还要注意所有的电话都要从分离器的Phone口接出，否则也会导致经常掉线。同时，用户还需要查看附近有没有干扰物体（包括手机、显示器、微波炉等都会发出干扰信号）。

8.5.3　网络连接故障

下面主要讲述常见的网络连接故障，包括无法发现网卡、网线故障、无法连接、连接受限和无线网卡故障。

1. 无法发现网卡

【故障表现】：一在正常使用中突然显示网络线缆没有插好，观察网卡的LED却发现是亮的，于是重启了网络连接，正常工作了一段时间，同样的故障又出现了，而且提示找不到网卡，打开【设备管理器】窗口多次刷新也找不到网卡，打开机箱更换PCI插槽后，故障依然存在。于是使用替换法，将网卡卸下，插入另一台正常运行的电脑，故障消除。

【故障分析】：从故障可以看出，故障发生在电脑上。一般情况下，板卡丢失后，可以通过更换插槽的方式重新安装，这样可以解决因为接触不良或驱动问题导致的故障，既然通过上述方法并没有解决问题，那么导致无法发现网卡的原因应该与操作系统或主板有关。

【故障排除】：首先重新安装操作系统，并安装系统安全补丁，同时，从网卡的官方网站下载并安装最新的网卡驱动程序。如果不能排除故障，这说明是主板的问题，先为主板安装驱动程序，重新启动电脑后测试一下，如果故障仍然存在，建议更换主板试试。

2. 网线故障

【故障表现】：公司的局域网内有6台电脑，相互访问速度非常慢，对所有的电脑都实施了杀毒处理，并安装了系统安全补丁，并没有发现异常，更换一台新的交换机后，故障依然存在。

【故障分析】：既然更换交换机后仍然不能解决故障，说明故障和交换机没有关系，可以从网线和主机下手进行排除。

【故障排除】：首先测试网线，查看网线是否按照T568A或T568B标注制作。双绞线是由4对线按照一定的线序胶合而成的，主要用于减少串扰和背景噪音的影响。在普通的局域网中，使用双绞线8条线中的4条，即1、2、3和6。其中1和2用于发送数据，3和6用于接收数据。而且1和2必须来自一个绕对，3和6必须来自一个绕对。如果不按照标准制作网线，由于串扰较大，受外界干扰严重，就会导致数据的丢失，传输速度大幅度下降，用户可以使用网线测试仪测试一下网线是否正常。

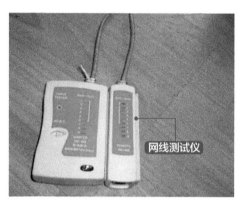

网线测试仪

其次，如果网线没有问题，可以检查网卡是否有故障，由于网卡损坏，也会导致广播风暴，从而严重影响局域网的速度。建议将所有网线从交换机上拔下，然后一个一个地插入，测试哪个网卡已损坏，换掉坏的网卡，即可排除故障。

3．无法连接、连接受限

【故障表现】：一台电脑不能上网，网络连接显示连接受限，并有一个黄色叹号，重新启动连接后，故障仍然无法排除。

【故障分析】：对于网络受限的故障，用户首先需要考虑的问题是上网的方式，如果是指定的用户名和密码，此时用户需要首先检查用户名和密码的正确性，如果密码不正确，连接也会受限。重新输入正确的用户名和密码后如果还不能解决问题，可以考虑网络协议和网卡的故障，可以重新安装网络驱动或换一台电脑试试。

【故障排除】：重新安装网络协议后，故障排除，所有故障可能是协议遭到病毒破坏的缘故。

4．无线网卡故障

【故障表现】：一台笔记本电脑使用无线网卡上网，出现以下故障，在一些位置可以上网，另外一些位置却不能上网，重装系统后，故障依然存在。

【故障分析】：首先检查无线网卡和笔记本是否连接牢固，建议重新拔下再安装一次。操作后故障依然存在。

【故障排除】：一般情况下，无线网卡容易受附近的电磁场的干扰，查看附近是否存在大功率的电器、无线通信设备，如果有可以将其移走。干扰也可能来自附近的计算机，离得太近，干扰信号也比较强。经过移动大功率的电器后，故障已经排除。如果此时还存在故障，可以换一个无线网卡试试。

8.5.4 网卡驱动与网络协议故障

如果排除了硬件本身的故障，用户首先需要考虑的就是网卡驱动程序和网络协议的故障。

1. 网卡驱动丢失

【故障表现】：一台电脑出现以下故障，在启动电脑后，系统提示不能上网，在【设备管理器】中看不到网卡驱动。

【故障分析】：用户首先可以重新安装网卡驱动程序，并且进行杀毒操作，因为有些病毒也可以破坏驱动程序。如果还不能解决问题，可以考虑重新安装系统，然后从官方下载驱动程序，并安装驱动程序。运行一段时间后，又出现网卡驱动丢失的现象。

【故障排除】：从故障可以看出，应该是主板的问题，先卸载主板驱动程序，重新启动计算机后安装驱动程序，故障排除。

2. 网络协议故障

【故障表现】：一台计算机出现以下故障，可以在局域网中发现其他用户，但是不能上网。

【故障分析】：首先检查计算机的网络配置、包括IP地址、默认网卡、DNS服务器地址的设置是否正确，然后更换网卡，故障仍然没有解决。

【故障排除】：经过分析可以排除是硬件的故障，可以从网络协议的安装是否正确入手。首先Ping 一下本机IP地址，发现不通，可以考虑是本身计算机的网络协议出了问题，可以重新安装网络协议，具体操作步骤如下。

1 宽带连接

单击任务栏右侧的【宽带连接】按钮，在弹出的菜单中单击【打开网络和共享中心】链接。

2 更改网络适配器

弹出【网络和共享中心】窗口，单击【更改网络适配器】链接。

3 网络连接

弹出【网络连接】窗口，选择【本地连接】图标并右键单击，在弹出的快捷菜单中选择【属性】菜单命令。

4 本地连接属性

弹出【本地连接属性】对话框，然后在【此连接使用下列项目】列表框中选择【Internet协议版本4（TCP／IP）】复选框，单击【安装】按钮。

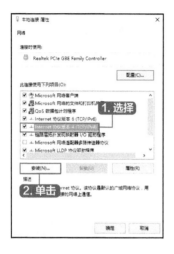

5 选择网络功能类型

弹出【选择网络功能类型】对话框，在【单击要安装的网络功能类型】列表框中选择【协议】选项，单击【添加】按钮。

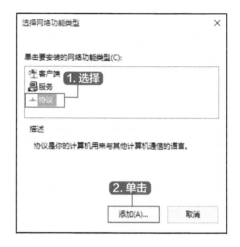

6 选择网络

弹出【选择网络协议】对话框，单击【从磁盘安装】按钮。

7 安装网络协议

弹出【从磁盘安装】对话框，单击【浏览】按钮，找到下载好的网络协议或系统光盘中的协议，单击【确定】按钮，系统即将自动安装网络协议。

3. IP地址配置错误

【故障表现】：一个小局域网中出现以下故障，一台配置了固定IP地址的计算机不能上网，而其他计算机却上网，此时Ping网卡也不通，更换网卡问题依然存在。

【故障分析】：通过测试，发现有故障的计算机可以连接其他的计算机，说明网络连接没有问题，因此导致故障的原因是IP地址配置错误。

【故障排除】：首先打开网络连接，重新配置计算机的默认网关、DNS和子网掩码，使之和其他的配置相同。通过修改DNS，故障消失。

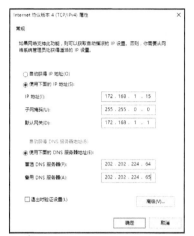

 高手私房菜

技巧1：安全使用免费Wi-Fi

黑客可以利用虚假Wi-Fi盗取手机系统、品牌型号、自拍照片、邮箱账号密码等各类隐私数据，类似的事件不胜枚举，尤其是盗号、窃取银行卡和支付宝信息、植入病毒等，在使用免费Wi-Fi时，建议注意以下几点。

- 在公共场所使用免费Wi-Fi时，不要进行网购，若有必要，尽量使用手机流量进行支付。
- 警惕同一地方，出现多个相同Wi-Fi，很有可能是诱骗用户信息的钓鱼Wi-Fi。
- 在购物，进行网上银行支付时，尽量使用安全键盘，不要使用网页之类的。
- 在上网时，如果弹出不明网页，让输入个人私密信息时，请谨慎，及时关闭WLAN功能。

技巧2：将电脑转变为无线路由器

如果电脑可以上网，即使没有无线路由器，也可以通过简单的设置将电脑的有线网络转为无线网络，但是前提是台式电脑必须装有无线网卡，笔记本电脑自带有无线网卡，如果准备好后，可以参照以下操作，创建Wi-Fi，实现网络共享。

1 单击超链接

打开360安全卫士主界面，然后单击【更多】超链接。

2 添加工具

在打开的界面中，单击【360免费WiFi】图标按钮，进行工具添加。

3 设置名称和密码

添加完毕后，弹出【360免费WiFi】对话框，用户可以根据需要设置WiFi名称和密码。

4 连接无线设备

单击【已连接的手机】可以看到连接的无线设备，如下图所示。

第 9 章
电脑使用故障处理

在电脑使用过程中，经常遇到各种使用故障，如开机异常、关机异常、开/关机速度慢、Windows启动故障、蓝屏及死机等问题，影响电脑的正常使用。本章主要介绍这些故障的处理方法。

学习效果图

9.1 开机异常

本节视频教学时间 / 15分钟

开机异常是指不能正常开机，下面将讲述常见开机异常的诊断方法。

9.1.1 按电源没反应

【故障表现】：操作系统完全不能启动，见不到电源指示灯亮，也听不到风扇的声音。

【故障分析】：从故障现象分析，可以初步判定是电源部分故障。检查电源线和插座是否有电、主板电源插头是否连好、UPS是否正常供电，再确认电源是否有故障。

【故障处理】：最简单的就是替换法，但是用户手中不一定备有电源等备件，这时可以尝试使用下面的方法。

（1）先把硬盘、CPU风扇或者CD-ROM连好，然后把ATX主板电源插头用一根导线连接两个插脚，把插头的一侧突起对着自己，上层插脚从左数第4个和下层插脚从右数第3个，方向一定要正确，然后把ATX电源的开关打开，如果电源风扇转动，说明电源正常，否则电源损坏。如果电源没问题，直接短接主板上电源开关的跳线，如果正常，说明机箱面板的电源开关损坏。

（2）市电电源问题，请检查电源插座是否正常、电源线是否正常。

（3）机箱电源问题，请检查是否有5V待机电压、主板与电源之间的连线是否松动，如果不会测量电压可以找个电源调换一下试试。

（4）主板问题，如果上述几个都没有问题，那么主板故障的可能性就比较大了。首先检查主板和开机按钮的连线有无松动，开关是否正常。可以将开关用电线短接一下试试。如不行，就更换一块主板试试。应尽量找型号相同或同一芯片组的板子，因为别的主板可能不支持本机的CPU和内存。

9.1.2 不能开机并有报警声

【故障表现】：电脑在启动的过程中，突然死机，并有报警声。

【故障分析】：不同的主板BIOS，其报警声的含义也有所不同，根据不同的主板说明书，判定相应的故障类型。

【故障处理】：常见的BIOS分为Award和AMI两种，报警声的含义分别如下。

1. Award BIOS报警声

其报警声的含义如下表所示。

报警声	含义
1短声	说明系统正常启动。表明机器没有问题
2短声	说明CMOS设置错误，重新设置不正确选项
1长1短	说明内存或主板出错，换一个内存条试试
1长2短	说明显示器或显示卡存在错误。检查显卡和显示器插头等部位是否接触良好或用替换法确定显卡和显示器是否损坏
1长3短	说明键盘控制器错误，应检查主板
1长9短	说明主板Flash RAM、EPROM错误或BIOS损坏，更换Flash RAM
重复短响	说明主板电源有问题
不间断的长声	说明系统检测到内存条有问题，重新安装内存条或更换新内存条重试

2. AMI BIOS报警声

其报警声的含义如下表所示。

报警声	含义
1短	说明内存刷新失败。更换内存条
2短	说明内存ECC校验错误。在CMOS 中将内存ECC校验的选项设为Disabled或更换内存
3短	说明系统基本内存检查失败。换内存
4短	说明系统时钟出错。更换芯片或CMOS电池
5短	说明CPU出现错误。检查CPU是否插好
6短	说明键盘控制器错误。应检查主板
7短	说明系统实模式错误，不能切换到保护模式
8短	说明显示内存错误。显示内存有问题，更换显卡试试
9短	说明BIOS芯片检验错误
1长3短	说明内存错误，即内存已损坏，更换内存
1长8短	说明显示测试错误。显示器数据线没插好或显示卡没插牢

9.1.3 开机要按【F1】键

【故障表现】：开机后停留在自检界面，提示按【F1】进入操作系统。

【故障分析】：开机需要按下【F1】键才能进入，主要是因为BIOS中设置与真实硬件数据不符引起的，可以分为以下几种情况。

（1）实际上没有软驱或者软驱坏了，而BIOS里却设置有软驱，这样就导致了要按【F1】键才能继续。

（2）原来挂了两个硬盘，在BIOS中设置成了双硬盘，后来拿掉其中一个的时候却忘记将BIOS设置改回来，也会出现这个问题。

（3）主板电池没有电了也会造成数据丢失，从而出现这个故障。

（4）重新启动系统，进入BIOS设置中，发现软驱设置为1.44MB了，但实际上机箱内并无软驱，将此项设置为NONE后，故障排除。

【故障处理】：排除故障的方法如下。

（1）开机按【Del】键，进入BIOS设置，选择第一个基本设置，把【Floopy】一项设置为【Disable】即可。

（2）开机时按【Del】键进入BIOS，按回车键进入基本设置，将【DriveA】项设置为【None】，然后保存后退出BIOS，重启电脑后检查，如果故障依然存在，可以更换电池。

9.1.4 硬盘提示灯不闪、显示器提示无信号

【故障表现】：开机时显示屏没有任何信息，也没有发出轻微的"嘟"声，硬盘和键盘指示灯完全不亮，键盘灯没有闪，也没有任何报警声。

【故障分析】：故障可能是由于曾经在BIOS程序中，错误地修改过相关设置，如CPU的频率和电压等设置项。此外，也很可能是由于CPU没有插牢、出现接触不良的现象，或者选用的CPU不适合当前的主板使用，或者CPU安装不正确，也或者在主板中硬件CPU调频设置错误。

【故障处理】：检查CPU的型号和频率是否适合当前的主板使用，以及检查CPU是否按照正确方法插牢。如果是BIOS程序设置错误，可以使用放电方法将主板上的电池取出，待过了1小时左右再将其装回原来的地方，如果主板上具有相关BIOS恢复技术，也可使用这些功能。如果是主板

的硬件CPU调频设置错误，则应该对照主板说明书仔细检查，按照正确的设置将其调回适当的位置。

9.1.5 硬盘提示灯闪、显示器无信号

【故障表现】：显示器无信号，但机器读硬盘，硬盘指示灯也在闪亮，通过声音判断，机器已进入操作系统。

【故障分析】：这一故障说明主机正常，问题出在显示器和显卡上。

【故障处理】：检查显示器和显卡的连线是否正常，接头是否正常。如有条件，使用替换法更换显卡和显示器试试，即可排除故障。

病毒对电脑的危害是众所周知的，轻则影响机器速度，重则破坏文件或造成死机。一旦病毒感染了软件，就可以在后台启动软件，甚至破坏软件的文件，导致软件无法使用。

9.1.6 启动顺序不对，不能启动引导文件

【故障表现】：电脑的启动过程中，提示信息【Disk Boot Failure, Insert System Disk And Press Enter】，从而不能启动引导文件，不能正常开机。

【故障分析】：这种故障一般都不是严重问题，只是系统在找到的用于引导的驱动器中找不到引导文件，比如BIOS的引导驱动器设置中将软驱排在了硬盘驱动的前面，软驱中又放有没有引导系统的软盘或者BIOS的引导驱动器设置中将光驱排在了硬盘驱动的前面，而光驱中又放有没有引导系统的光盘。

【故障处理】：将光盘或软盘取出，然后设置启动顺序，即可解决故障。

9.1.7 系统启动过程中自动重启

【故障表现】：在Windows操作系统启动画面出现后、登录画面显示之前电脑自动重新启动，无法进入操作系统的桌面。

【故障分析】：导致这种故障的原因是操作系统的启动文件Kernel32.dll丢失或者已经损坏。

【故障处理】：如果在系统中安装有故障恢复控制台程序，这个文件也可以在Windows XP的安装光盘中找到。不过，在Windows XP安装盘中找到的文件是Kernel32.dl_，这是一个未解压的文件，它需要在故障恢复控制台中先运行"map"这个命令，然后将光盘中的Kernel32.dl_文件复制到硬件，并运行"expand kernel32.dl_"这个命令，将Kernel32.dl_这个文件解压为Kernel32.dll，最后将解压的文件复制到对应的目录即可。如果没有备份Kernel32.dll文件，在系统中也没有安装故障恢复控制台，也不能从其他电脑中拷贝这个文件，那么重新安装Windows系统也可以解决故障。

9.1.8 系统启动过程中死机

【故障表现】：电脑在启动时出现死机现象，重启后故障依然存在。

【故障分析】：这种情况可能是由于硬件冲突所致，这时可以使用插拔检测法。

【故障处理】：将电脑里面一些不重要的部件（例如光驱、声卡、网卡）逐件卸载，检查出导致死机的部件，然后不安装或更换这个部件即可。此外，这种情况也可能是由于硬盘的质量有问题。

如果使用插拔检测法后，故障没有排除，可以将硬盘接到其他的电脑上进行测试，如果硬盘可以应用，那么说明硬盘与原先的电脑出现兼容问题；如果在其他的电脑上测试，同样有这种情况，

说明硬盘的质量不可靠，甚至已经损坏。

另外，这种情况也可能是由于在BIOS中对内存、显卡等硬件设置了相关的优化项目，而优化的硬件却不能支持在优化的状态中正常运行。因此，当出现这种情况的时候，应该在BIOS中将相关优化的项目调低或不优化，必要时可以恢复BIOS的出厂默认值。

9.2 关机异常

本节视频教学时间 / 5分钟

Windows的关机程序在关机过程中将执行下述各项功能：完成所有磁盘写操作，清除磁盘缓存，执行关闭窗口程序，关闭所有当前运行的程序，将所有保护模式的驱动程序转换成实模式。

引起Windows系统出现关机故障的主要原因有：选择退出Windows时的声音文件损坏；不正确配置或损坏硬件；BIOS的设置不兼容；在BIOS中的【高级电源管理】或【高级配置和电源接口】的设置不适当；没有在实模式下为视频卡分配一个IRQ；某一个程序或TSR程序可能没有正确关闭；加载了一个不兼容的、损坏的或冲突的设备驱动程序等。

9.2.1 无法关机，点击关机没有反应

【故障表现】：一台电脑无法关机，点击【关机】按钮也没有反应，只能通过手动按下机箱的关机键才能关机。

【故障分析】：从上述故障可以初步判断是系统文件丢失的问题。

【故障处理】：在【运行】对话框里输入"rundll32user.exe，exitwindows"，按【Enter】键后观察，如果可以关机，那说明是程序的问题。

（1）利用杀毒软件全面查杀病毒。

（2）利用360安全卫士修复IE浏览器。

（3）运行msconfig查看是否有多余的启动项，有些启动项启动后无法关闭也会导致无法关机。

（4）在声音方案中换个关机音乐，有时关机音乐文件损坏也会导致无法关机。

（5）如果CMOS参数设置不当的话，Windows系统同样不能正确关机。为了检验是否是CMOS参数设置不当造成了计算机无法关闭的现象，可以重新启动计算机系统，进入到CMOS参数设置页面，将所有参数恢复为默认的出厂数值，然后保存好CMOS参数，并重新启动好计算机系统。接着再尝试一下关机操作，如果此时能够正常关闭计算机的话，就表明系统的CMOS参数设置不当，需要进行重新设置，设置的重点主要包括病毒检测、电源管理、中断请求开闭、CPU外频以及磁盘启动顺序等选项，具体的参数设置值最好要参考主板的说明书，如果对CMOS设置不熟悉的话，只有将CMOS参数恢复成默认数值，才能确保计算机关机正常。

9.2.2 电脑关机后自动重启

【故障表现】：在Windows系统中关闭电脑，系统却变为自动重新启动，同时在操作系统中不能关机。

【故障分析】：导致这一故障的原因很有可能是由于用户对操作系统的错误设置，或利用一些系统优化软件修改了Windows系统的设置。

【故障处理】：根据分析，排除故障的具体操作步骤如下。

1 打开【系统】对话框

按【Windows+Pause Break】组合键，打开【系统】对话框，单击【高级系统设置】链接。

2 设置启动和故障恢复

弹出【系统属性】对话框，选择【高级】选项卡，在【启动和故障恢复】一栏中单击【设置】按钮。

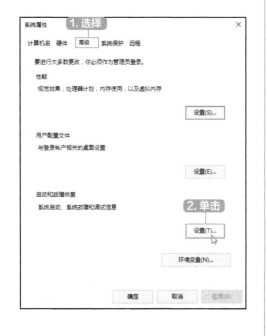

3 重新启动电脑

弹出【启动和故障恢复】对话框，在【系统失败】一栏中选中【自动重新启动】复选框，单击【确定】按钮。重新启动电脑，即可排除故障。

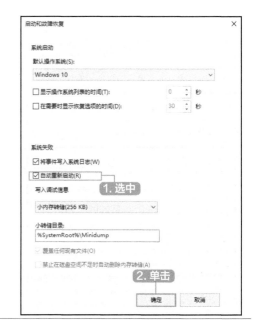

9.3 开/关机速度慢

本节视频教学时间 / 5分钟

本节主要讲述开/关机速度慢的常见原因和解决方法。

9.3.1 每次开机自动检查C盘或D盘后才启动

【故障表现】：一台电脑在每次开机时，都会自动检查C盘或D盘后才启动，每次开机的时间都比较长。

【故障分析】：从故障可以看出，开机自检导致每次开机都检查硬盘，关闭开机自检C盘或D盘功能，即可解决故障。

【故障处理】：排除故障的具体操作步骤如下。

1 输入命令

按【Windows+R】组合键，弹出【运行】对话框，在【打开】文本框中输入"cmd"命令，单击【确定】按钮。

2 故障排除

输入"chkntfs /x c: d:"后，按【Enter】键确认，即可排除故障。

9.3.2 开机时随机启动程序过多

【故障表现】：开机非常缓慢，常常需4分钟左右，进入系统后，速度稍微快一点，经过杀毒也没有发现问题。

【故障分析】：开机缓慢往往与启动程序太多有关，可以利用系统自带的管理工具设置启动的程序。

【故障处理】：排除故障的具体操作步骤如下。

1 单击任务栏

右键单击任务栏，在弹出的快捷菜单中，单击【任务管理器】命令。

2 选择禁用程序

打开【任务管理器】对话框，单击【启动】选项卡，选择要禁用的程序，单击【禁用】按钮。

3 开机启动

即可看到该程序的状态显示为"已禁用"。如希望开机启动该程序，单击【启用】按钮即可。

如果操作系统是Windows 7，可以采用以下方法。

1 输入命令

按【Windows+R】组合键，弹出【运行】对话框，在【打开】文本框中输入"msconfig"命令，单击【确定】按钮。

2 优化程序

弹出【系统配置】对话框，选择【启动】选项卡，取消不需要启动的项目，单击【确定】按钮即可优化启动程序。

9.3.3 开机系统动画过长

【故障表现】：在开机的过程中，系统动画的时间很长，有时间会停留好几分钟，进入操作系统后，一切操作正常。

【故障分析】：可以通过设置注册表信息，缩短开机动画的等待时间。

【故障处理】：排除故障的具体操作步骤如下。

1 输入命令

按【Windows+R】组合键，弹出【运行】对话框，在【打开】文本框中输入 "regedit" 命令，单击【确定】按钮。

2 打开注册表

单击【确定】按钮，即可打开【注册表】窗口。

3 展开树形结构

在窗口的左侧展开HKEY_LOCAL_MACHINE\System\CurrentControlSet\Control树形结构。

4 重新启动电脑

在右侧的窗口中双击【WaitToKillService Timeout】选项，弹出【编辑字符串】对话框，在【数值数据】中输入 "1000"，单击【确定】按钮。重新启动电脑后，故障排除。

9.3.4 开机系统菜单等待时间过长

【故障表现】：在开机的过程中，出现系统选择菜单时，等待时间为10秒，时间太长，每次开机都是如此。

【故障分析】：通过系统设置，可以缩短开机菜单等待的时间。

【故障处理】：排除故障的具体操作步骤如下。

1 输入命令

按【Windows+R】组合键，弹出【运行】对话框，在【打开】文本框中输入"msconfig"命令，单击【确定】按钮。

2 重启电脑

弹出【系统配置】对话框，选择【引导】选项卡，在【超时】文本框中输入时间为"5"秒，也可以设置更短的时间，单击【确定】按钮。重启电脑后，故障排除。

9.3.5　Windows 10开机黑屏时间长

【故障表现】：在开机时，跳过开机动画后，黑屏时间等待较长，开机速度慢。

【故障分析】：这种问题主要出现在双显卡的笔记本电脑中，为独立显卡驱动不兼容Windows 10系统导致，需要禁用独立显卡驱动。

【故障处理】：排除故障的具体操作步骤如下。

1 选择命令

右键单击【此电脑】图标，在弹出的快捷菜单中选择【管理】命令。

2 卸载独立显卡

打开【计算机管理】窗口，单击左侧的【设备管理器】选项，在右侧窗口单击【显示适配器】选项，在展开的列表中，右键单击独立显卡，在弹出的快捷菜单中，单击【卸载】命令，对独立显卡进行卸载。

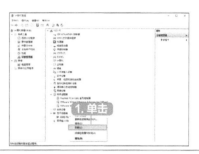

Windows 10操作系统支持自动安装驱动程序，即使独立显卡卸载完成后，也不能从根本上解决问题，此时需要禁止系统自动安装驱动，除非Windows系统解决了此兼容性问题。

1 打开【系统】窗口

按【Windows+Pause Break】组合键，打开【系统】窗口，并单击【高级系统设置】链接。

2 设备安装

打开【系统属性】对话框，单击【硬件】选项卡，并单击【设备安装设置】按钮。

3 保存更改

弹出【设备安装设置】对话框，选择【否（你的设备可能无法正常工作）（N）】单选项，并单击【保存更改】按钮。

9.4 Windows系统启动故障

本节视频教学时间 / 9分钟

Windows无法启动是指能够在正常开关机的情况下，电脑无法正常进入系统，这种问题也是较为常见的，本节介绍常见的几种Windows无法启动的现象及解决办法。

9.4.1 电脑启动后无法进入系统

【故障表现】：电脑之前使用正常，突然无法进入系统。

【故障分析】：无法进入系统主要是系统软件损坏、注册表损坏等问题造成的。

【故障处理】：如果遇到此类问题，可以尝试使用操作系统的【高级启动选项】解决该问题。具体操作步骤是重启电脑，按【F8】键，进入【高级启动选项】界面，选择【最近一次的正确配置（高级）】选项，并按【Enter】键，使用该功能以最近一次的有效设置启动计算机。

提示

各菜单项的作用如下。

1.安全模式：选用安全模式启动系统时，系统只使用一些最基本的文件和驱动程序启动。进入安全模式是诊断故障的一个重要步骤。如果安全模式启动后无法确定问题，或者根本无法启动安全模式，就需要使用紧急修复磁盘修复系统或重装系统了。

2.网络安全模式：和安全模式类似，但是增加了对网络连接的支持。

3.命令提示符的安全模式：和安全模式类似，只使用基本的文件和驱动程序启动系统，但登录后屏幕出现命令提示符，而不是Windows桌面。

4.启用启动日志：启动系统，同时将由系统加载的所有驱动程序和服务记录到文件中。文件名为ntbtlog.txt，位于Windir目录中。该日志对确定系统启动问题的准确原因很有用。

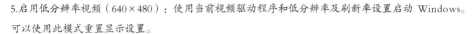

5.启用低分辨率视频（640×480）：使用当前视频驱动程序和低分辨率及刷新率设置启动 Windows。可以使用此模式重置显示设置。

6.最后一次的正确配置（高级）：使用最后一次正常运行的注册表和驱动程序配置启动Windows。

7.目录服务还原模式：该模式是用于还原域控制器上的Sysvol目录和Active Directory（活动目录）服务的。它实际上也是安全模式的一种。

8.调试模式：如果某些硬件使用了实模式驱动程序并导致系统不能正常启动，可以用调试模式来检查实模式驱动程序产生的冲突。

9.禁用系统失败时自动重新启动：因错误导致Windows失败时，阻止Windows 自动重新启动。仅当Windows陷入循环状态时，即Windows启动失败，重新启动后再次失败时，使用此选项。

10.禁用强制驱动程序签名：允许安装包含了不恰当签名的驱动程序。

如果不能解决此类问题，可以选择【修复计算机】选项，修复系统即可。

如果电脑系统是Windows 10操作系统，可以采用以下方法解决。

1 疑难解答

当系统启动失败两次后，第三次启动即会进入【选择一个选项】界面，单击【疑难解答】选项。

2 高级选项

打开【疑难解答】界面，单击【高级选项】选项。

3 启动修复

打开【高级选项】界面，单击【启动修复】选项。

4 重启电脑

此时电脑重启，准备进入自动修复界面。

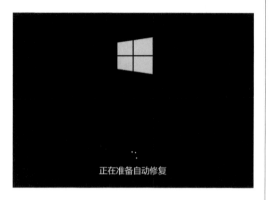

5 选择操作账户

进入【启动修复】界面，选择一个账户进行操作。

6 输入账户密码

输入选择账户的密码，并单击【继续】按钮。

7 重启电脑

此时，即会重启，诊断电脑的情况。

9.4.2 系统引导故障

【故障表现】：开机后出现"Press F11 start to system restore"错误提示，如下图所示。

【故障分析】：由于Ghost类的软件，在安装时往往会修改硬盘MBR，以达到优先启动的目的，在开机时就会出现相应的启动菜单信息。不过，如果此类软件存在有缺陷或与操作系统不兼容，就非常容易导致系统无法正常启动。

【故障处理】：如果是由于上述问题造成的，就需要对硬盘主引导进行操作，用户可以使用系统安装盘的Bootrec.exe修复工具解决该故障。

1 安装程序

　　使用系统安装盘启动电脑，进入【Windows安装程序】对话框，单击【下一步】按钮。

2 进入如下界面

　　进入如下界面，按【Shift+F10】组合键。

3 完成重写操作

　　弹出命令提示符窗口，输入"bootrec /fixmer"DOS命令，并按【Enter】键，完成硬盘主引导记录的重写操作。

9.4.3　系统启动时长时间停留在"正在启动Windows"画面

　　【故障表现】：电脑开机时，长时间停留在"正在启动Windows"画面，系统启动太慢。

【故障分析】：造成系统启动慢的主要原因是系统加载的启动项过多，一般禁用没有必要的加载项，而长时间停留在"正在启动Windows"画面，主要是由于"Windows Event log"服务有问题引起的，需要检查该项服务。

【故障处理】：检查Windows Event log服务的具体步骤如下。

1 单击【管理】命令

右键单击【计算机】图标，在弹出的快捷菜单中单击【管理】菜单命令。

2 服务和应用程序

打开【设备管理器】窗口，在左侧的窗格中单击【服务和应用程序】列表下的【服务】选项，右侧窗格即可显示服务列表。

3 查看服务类型

在服务列表中选择"Windows Event log"服务，查看该服务的启动类型，如本机的目前启动类型为"手动"。

4 选择启动类型

双击此项服务，打开【Windows Event log 的属性（本地计算机）】对话框。在【常规】选项卡下，单击【启动类型】的下拉列表，并选择【自动】选项，然后单击【确定】按钮，重启电脑即可排除故障。

9.4.4 电脑关机后自动重启

【故障表现】：电脑关机后，会重新启动进入操作系统。

【故障分析】：电脑关机后自动重启，一般是由于系统设置不正确、电源管理不支持及USB设备的干扰等引起的。

【故障处理】：电脑关机后自动重启的解决办法有以下三种。

1. 系统设置不正确

Windows操作系统默认情况下，当系统遇到故障时，会自动重启电脑。如果关机时系统出现错误，就会自动重启，此时可以修改设置，具体操作步骤如下。

1 选择命令

右键单击【此电脑】图标，在弹出的快捷菜单中，选择【属性】菜单命令。

2 单击链接

在弹出的【系统】窗口，单击【高级系统设置】链接。

3 启动和故障恢复

弹出【系统属性】对话框，单击【高级】选项卡，并单击【启动和故障恢复】区域下的【设置】按钮。

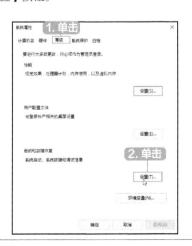

4 重新启动

弹出【启动和故障恢复】对话框，撤销选中【系统失败】区域下的【自动重新启动】复选框，并单击【确定】按钮即可。

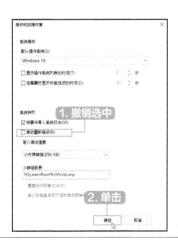

2. 电源管理

电源对系统支持不好，也会造成关机故障，如果遇到此类问题可以使用以下步骤解决。

1 系统和安全

打开控制面板，在【类别】查看方式下，单击【系统和安全】链接。

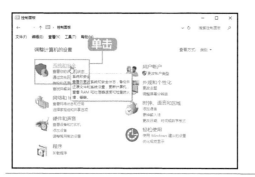

2 单击电源链接

打开【系统和安全】窗口，单击【电源选项】链接。

3 电源选项

弹出【电源选项】窗口，如果发生故障时是使用的是【高性能】的单选项，可以撤销选中该的按选项，可以将其更改为【平衡】或【节能】选项，尝试解决电脑关机后自动开机的问题。

3. USB设备问题

如鼠标、键盘、U盘等USB端口设备，容易造成关机故障。当出现这种故障时，可以尝试将USB设备拔出电脑，再进行开关机操作，看是否关机正常。如果不正常，可以外连一个USB Hub，连接USB设备，尝试解决。

9.5 蓝屏

本节视频教学时间 / 7分钟

蓝屏是计算机常见的操作系统故障之一，用户在使用计算机过程中会经常遇到。那么计算机蓝屏是什么原因引起的呢？计算机蓝屏和硬件关系较大，主要原因有硬件芯片损坏、硬件驱动安装不兼容、硬盘出现坏道（包括物理坏道和逻辑坏道）、CPU温度过高、多条内存不兼容等。

9.5.1 启动系统出现蓝屏

系统在启动过程中出现如下屏幕显示，称作蓝屏。

```
A problem has been detected and windows has been shut down to prevent
to your computer.

IRQL_NOT_LESS_OR_EQUAL

If this is the first time you've seen this stop error screen,
restart your computer. If this screen appears again, follow
these steps:

Check to make sure that any new hardware or software is properly installed.
If this is a new installation, ask your hardware or software manufacturer
for any windows updates you might need.

If problems continue, disable or remove any newly installed hardware
or software. Disable BIOS memory options such as caching or shadowing.
If you need to use Safe Mode to remove or disable components, restart
your computer, press F8 to select Advanced Startup options, and then
select Safe Mode.

Technical information:

*** STOP: 0x0000000A (0x00000000,0xFAA339B8,0x00000008,0xC00000000)

*** Fastfat.sys - Address FAA339B8 base at FAA33000, DateStamp 36B016A3
```

> **提示** "Technical information"以上的信息是蓝屏的通用提示，下面的"0X0000000A" 称为蓝屏代码，"Fastfat.sys"是引起系统蓝屏的文件名称。

下面介绍几种引起系统开机蓝屏的常见故障原因及其解决方法。

1. 多条内存条的互不兼容或损坏引起运算错误

这是个最直观的现象，因为这个现象往往在一开机的时候就可以见到。不能启动计算机，画面提示出内存有问题，计算机会询问用户是否要继续。造成这种错误提示的原因一般是内存的物理损坏或者内存与其他硬件的不兼容。这个故障只能通过更换内存来解决问题。

2. 系统硬件冲突

这种现象导致蓝屏也比较常见，经常遇到的是声卡或显示卡的设置冲突。具体解决的操作步骤如下。

1 硬件和声音

开机后，进入【安全模式】下的操作系统界面。打开【控制面板】窗口，选择【硬件和声音】选项。

2 设备管理器

弹出【硬件和声音】窗口，单击【设备管理器】链接。

3 重新启动电脑

弹出【设备管理器】窗口，在其中检查是
否存在带有黄色问号或感叹号的设备，如存在
可试着先将其删除，并重新启动电脑。

带有黄色问号表示该设备的驱动未安装，带有感叹号的设备表示该设备的驱动安装的版本错
误。用户可以从设备官方网站下载正确的驱动包安装，或者在随机赠送的驱动盘中找到正确的驱动
安装。

9.5.2　系统正常运行时出现蓝屏

系统在运行使用过程中由于某种操作，甚至没有任何操作会直接出现蓝屏。那么系统在运行过程
中出现蓝屏现象该如何解决呢？下面介绍几种常见的系统运行过程中蓝屏现象的原因及其解决办法。

1.虚拟内存不足造成系统多任务运算错误

虚拟内存是Windows系统所特有的一种解决系统资源不足的方法。一般要求主引导区的硬盘
剩余空间是物理内存的2~3倍。由于种种原因，造成硬盘空间不足，导致虚拟内存因硬盘空间不
足而出现运算错误，所以就会出现蓝屏。要解决这个问题比较简单，尽量不要把硬盘存储空间占
满，要经常删除一些系统产生的临时文件，从而可以释放空间。或可以手动配置虚拟内存，把虚拟
内存的默认地址转到其他的逻辑盘下。

虚拟内存具体设置方法如下。

1 选择菜单命令

在【桌面】上的【此电脑】图标上单击鼠
标右键，在弹出的快捷菜单中选择【属性】菜
单命令。

2 单击链接

弹出【系统】窗口，在左侧的列表中单击
【高级系统设置】链接。

3 系统属性

弹出【系统属性】对话框，选择【高级】选项卡，然后在【性能】选区中单击【设置】按钮。

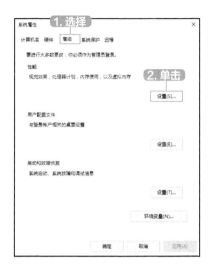

4 性能选项

弹出【性能选项】对话框，选择【高级】选项卡，单击【更改】按钮。

5 重新启动计算机

弹出【虚拟内存】对话框，更改系统虚拟内存设置项目，单击【确定】按钮，然后重新启动计算机。

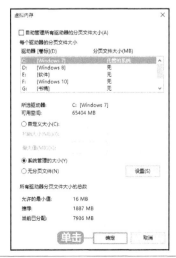

● 自动管理所有驱动器的分页文件大小：选择此选项，Windows 10自动管理系统虚拟内存，

用户无需对虚拟内存做任何设置。

- 自定义大小：根据实际需要在初始大小和最大值中填写虚拟内存在某个盘符的最小值和最大值。单击【设置】按钮，一般最小值是实际内存的1.5倍，最大值是实际内存的3倍。
- 系统管理的大小：选择此项，系统将会根据实际内存的大小自动管理系统在某盘符下的虚拟内存大小。
- 无分页文件：如果计算机的物理内存较大，则无需设置虚拟内存，选择此项，单击【设置】按钮。

2. CPU超频导致运算错误

CPU超频在一定范围内可以提高计算机的运行速度，就其本身而言就是在其原有的基础上完成更高的性能，对CPU来说是一种超负荷的工作，CPU主频变高，运行速度变快，但由于进行了超载运算，造成其内部运算过多，使CPU过热，从而导致系统运算错误。

如果是因为超频引起系统蓝屏，可在BIOS中取消CUP超频设置，具体的设置根据不同的BIOS版本而定。

3. 温度过高引起蓝屏

如果由于机箱散热性问题或者天气本身比较炎热，致使机箱CPU温度过高，计算机硬件系统可能出于自我保护停止工作。

造成温度过高的原因可能是CPU超频、风扇转速不正常、散热功能不好或者CPU的硅脂没有涂抹均匀。如果不是超频的原因，最好更换CPU风扇或是把硅脂涂抹均匀。

9.6 死机

本节视频教学时间 / 3分钟

"死机"指系统无法从一个系统错误中恢复过来，或系统硬件层面出问题，以致系统长时间无响应，而不得不重新启动的现象。它属于电脑运作的一种正常现象，任何电脑都会出现这种情况，蓝屏也是一种常见的死机现象。

9.6.1 "真死"与"假死"

计算机死机根据表现症状的情况不同分为"真死"和"假死"。这两个概念没有严格的标准。

"真死"是指计算机没有任何反应，鼠标键盘等设备，大小写切换、小键盘等功能都没有反应。

"假死"是指某个程序或者进程出现问题，系统反应极慢，显示器输出画面无变化，但系统有声音，或键盘、硬盘指示灯有反应，当运行一段时间之后系统有可能恢复正常。

9.6.2 系统故障导致死机

Windows操作系统的系统文件丢失或被破坏时，无法正常进入操作系统，或者"勉强"进入操作系统，但无法正常操作电脑，系统容易死机。

对于一般的操作人员，在使用电脑时，要隐藏受系统保护的文件，以免误删，破坏系统文件。下面详细介绍隐藏受保护的系统文件的方法。

1 选择菜单命令

打开【此电脑】窗口。选择【文件】▶【更改文件夹和搜索选项】菜单命令。

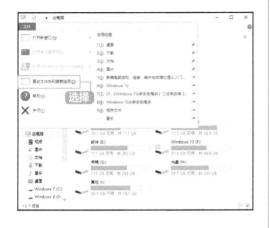

2 隐藏系统文件

打开【文件夹选项】对话框。选择【查看】选项卡，选择【隐藏受保护的操作系统文件】选项，单击【确定】按钮。

9.6.3 软件故障导致死机

一些用户对电脑的工作原理不是十分了解，出于保证计算机的稳定工作的目的，甚至会在一台电脑装上多个杀毒软件或多个防火墙软件，造成多个软件对系统的同一资源调用或者是因为系统资源耗尽而死机。当计算机出现死机时，可以通过查看开机随机启动项进行原因排查。因为许多应用程序为了用户方便都会在安装完以后将其自动添加到Windows启动项中。

打开【任务管理器】窗口。选择【启动】选项卡。将启动组中的加载选项全部禁用，然后逐一加载，观察系统在加载哪个程序时出现死机现象，就能查出具体的死机原因了。

高手私房菜

技巧1：关机时出现蓝屏

【故障表现】：在关闭电脑的过程中，显示屏突然显示蓝屏界面，按下键盘的任何按键也没有反应。

【故障分析】：这种情况很可能是由于Windows系统缺少某些重要系统文件或驱动程序所致，也可能是由于在没有关闭系统的应用软件的情况下直接关机所致。

【故障处理】：在关闭电脑前，先关闭所有运行的程序，然后再关机。

如果故障没有排除，则参照以下操作步骤进行操作。

1 输入命令

按【Windows+R】组合键，弹出【运行】对话框，在【打开】文本框中输入"sfc / scannow"命令。

2 完成系统文件修复

单击【确定】按钮，按照提示完成系统文件的修复即可。

技巧2：自动关机或重启

【故障表现】：电脑在正常运行过程中，突然自动关闭系统或重新启动系统。

【故障分析】：现在的主板普遍对CPU都具有温度监控功能，一旦CPU温度过高，超过了主板BIOS中所设定的温度，主板就会自动切断电源，以保护相关硬件。

【故障排除】：在出现这种故障时，应该检查机箱的散热风扇是否正常转动、硬件的发热量是否太高，或者设置的CPU监控温度是否太低。

另外，系统中的电源管理和病毒软件也会导致这种现象发生。因此，也可以检查一下相关电源管理的设置是否正确，同时也可检查是否有病毒程序加载在后台运行，必要时可以使用杀毒软件对硬盘中的文件进行全面检查。其次，也可能是由于电源功率不足、老化或损坏而导致这种故障，这时可以通过替换电源的方法进行确认。

第10章
常见硬件故障的
诊断与维修

重点导读

硬件故障主要是指电脑硬件中的元器件发生故障，而不能正常工作。一旦出现硬件故障，用户就需要及时维修，从而保证电脑的正常运行。本章主要介绍各硬件的常见故障的诊断与维修。

学习效果图

10.1 CPU常见故障诊断与维修

本节视频教学时间 / 6分钟

CPU是电脑中最关键的部件之一，它关系到整个电脑的性能好坏，是电脑的运算核心和控制核心，电脑中所有操作都由CPU负责读取指令、对指令译码并执行指令，一旦其出了故障，电脑的问题就比较严重。本节主要讲述CPU常见故障诊断与维修。

10.1.1 CPU超频导致黑屏

【故障表现】：电脑CPU超频后，开机显示器会显示黑屏现象，同时无法进入BIOS。

【故障诊断】：这种故障是由于超频引起的。由于CPU频率设置太高，造成CPU无法正常工作，并造成显示器点不亮且无法进入BIOS中进行设置，因此也就无法给CPU降频。

【故障处理】：打开电脑机箱，在主板上找到CMOS电池取下并放电，几分钟后安装上电池，重新启动并按【Del】键，进入BIOS界面，将CPU的外频重新调整到66MHz，即可正常使用。

10.1.2 CPU温度过高导致系统关机重启

【故障表现】：电脑在使用一段时间后，会出现自动关机并重新启动系统，然后过几分钟又关机重启现象。

【故障诊断】：首先可能是因为电脑中病毒，使用杀毒软件进行全盘扫描杀毒，如果没有发现病毒，就用Windows的"磁盘碎片整理"程序进行磁盘碎片整理，若问题还没有解决，那么关闭电源，打开机箱，用手触摸电脑CPU，如果发现很烫手，则说明温度比较高，CPU的温度过高会引起不停重启的现象。

【故障处理】：解决CPU温度高引起的故障的具体操作步骤如下。

1 打开电脑机箱

打开电脑机箱，开机并观察电脑自动关机时的症状，如果发现CPU的风扇停止转动，就关闭电源，将风扇拆下，用手转下风扇，若风扇转动很困难，说明风扇出了问题。

2 清理风扇转轴

使用软毛刷将风扇清理干净，重点清理风扇转轴的位置，并在该处滴几滴润滑油，经过处理后试机。如果故障依然存在，可以换个新的风扇，再次通电试机，电脑运行正常，故障排除。

3 CPU的散热

为了更进一步提高CPU的散热能力，可以除去CPU表面旧的硅胶，重新涂抹新的硅胶，这样也可以加快CPU的散热，提高系统的稳定性。

4 检查电脑是否超频

检查电脑是否超频。电脑超频工作会带来散热问题。用户可以使用鲁大师检查一下电脑的问题，如果是因为超频带来的高温问题，可以重新设置CMOS的参数。

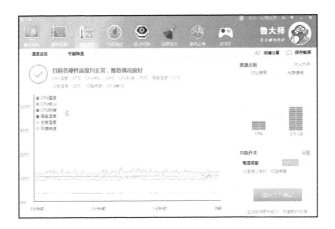

10.1.3 CPU供电不足

【故障表现】：电脑在使用过程中不稳定，会发生莫名其妙的重启，或者启动不了等现象。

【故障诊断】：发生此类故障应该是由于升级了显卡或者CPU等器件，跟以前器件功率不同，造成电源超负荷运行，从而导致供电不足现象，再者就是CPU或者显卡超频后导致部分器件功率大增，从而导致供电不足。

【故障处理】：如果是升级了新的器件，只需要换用新的高功率电源就可以。若是因为CPU、显卡等器件超频造成，则还原CPU等器件的原有频率就可以解决此类问题。

10.1.4 CPU温度上升过快

【故障表现】：一台电脑在运行时CPU温度上升很快，开机才几分钟左右温度就由31℃上升到51℃，然而到了53℃就稳定下来了，不再上升。

【故障诊断】：一般情况下，CPU表面温度不能超过50℃，否则会出现电子迁移现象，从而缩短CPU寿命。对于CPU来说53℃温度太高了，长时间使用易造成系统不稳定和硬件损坏。

【故障处理】：根据现象分析，升温太快、稳定温度太高应该是CPU风扇的问题，只需更换一个质量较好的CPU风扇即可。

10.2 内存常见故障诊断与维修

本节视频教学时间 / 10分钟

内存是电脑中一个重要的部件，是系统临时存放数据的地方，一旦其出了问题，将会导致电脑系统的稳定性下降、黑屏、死机和开机报警等故障。电脑系统发生故障将会影响使用，通过学习本章，读者可以了解电脑内存的常见故障现象，通过对故障的诊断，解决内存故障问题。

10.2.1 开机长鸣

【故障表现】：电脑开机后一直发出"嘀，嘀，嘀……"的长鸣，显示器无任何显示。

【故障诊断】：从开机后电脑一直长鸣可以判断出是硬件检测不过关，根据声音的间断为一声，可以判断为内存问题。关机后拔下电源，打开机箱并卸下内存条，仔细观察发现内存的金手指表面覆盖了一层氧化膜，而且主板上有很多灰尘。因为机箱内的湿度过大，内存的金手指发生了氧化，从而导致内存的金手指和主板的插槽之间接触不良，而且灰尘也是导致原件接触不良的常见因素。

【故障处理】：排除该故障的具体操作步骤如下。

1 清理主板内存插槽

关闭电源，取下内存条，用皮老虎清理一下主板上内存插槽。

2 将内存压入主板

用橡皮擦一下内存条的金手指，将内存插回主板的内存插槽中。在插入的过程中，双手拇指用力要均匀，将内存压入到主板的插槽中，当听到"啪"的一声表示内存已经和内存卡槽卡好，内存成功安装。

3 开机测试

接通电源并开机测试，电脑成功自检并进入操作系统，表示故障已排除。

10.2.2　内存接触不良引起死机

【故障表现】：电脑在使用一段时间后，出现频繁死机现象。

【故障诊断】：造成电脑死机故障的原因有硬件不兼容、CPU过热、感染病毒、系统故障。使用杀毒软件查杀病毒后，未发现病毒，故障依然存在。以为是系统故障，在重装完系统后，故障依旧。

【故障处理】：打开电脑机箱，检查CPU风扇，发现有很多灰尘，但是转动正常。另外主板、内存上也沾满了灰尘。在将风扇、主板和内存的灰尘处理干净后，再次打开电脑，故障消失。

10.2.3　电脑重复自检

【故障表现】：开机时系统自检，需要重复3遍才可通过。

【故障诊断】：随着电脑基本配置内存容量的增加，开机内存自检时间越来越长，有时可能需要进行几次检测，才可检测完内存，此时用户可使用【Esc】键直接跳过检测。

【故障处理】：开机时，按【Del】键进入BIOS设置程序，选择"BIOS Features Setup"选项，把其中的"Quick Power On Self Test"设置为"Enabled"，然后存盘退出，系统将跳过内存自检。或使用【Esc】键手动跳过自检。

10.2.4　内存显示的容量与实际内存容量不相符

【故障表现】：一台电脑内存为金士顿DDR3 1666，内存容量为4GB，在电脑属性中查看内存容量为3.2GB，而主板支持最多4GB的内存，内存显示的容量与实际内存容量不相符。

【故障诊断】：内存的显示容量和实际内存容量不相符，一般和显卡或系统有关。

【故障处理】：（1）电脑的主板采用的是否是集成显卡，因为集成显卡会占用一部分内存来做显存，如果是集成显卡，可以升级内存或者买一个新的显卡，故障就会解除。

（2）如果电脑是独立显卡，可以初步判断是操作系统不支持的问题。如果Windows系列操作系统为32位，则无法识别4GB内存。所以为解决内存显示的容量与实际内存容量不相符，需要将32位操作系统更换为64位操作系统。

10.2.5　提示内存不足故障

【故障表现】：电脑使用的是AMD A4-7300处理器，配有4GB内存，但是在玩游戏时，出现内存不足的提示而不能进入游戏，但是在另外一台相同配置的电脑却没有出现此现象。

【故障诊断】：电脑提示内存不足，并不一定是安装的物理内存不足，如果电脑已经有2GB内存，那么玩游戏不会出现内存不足现象。至于出现内存不足的提示，应该是由于内存设置不当。

【故障处理】：内存储器可以分为基本内存、上位内存、高区端内存、扩展内存、扩充内存多种，它们的划分是由用户自行设置的。所以物理内存相同，并不等于设置的各种内存区域相等。而各种游戏软件对各类内存的要求也不相同，在内存设置不当时，可能有些游戏就无法进行，就会发生内存不足现象，这种故障只需要重新设置内存就可以解决。

10.2.6　弹出内存读写错误

【故障表现】：电脑使用一段时间后，在使用的时候突然弹出提示【"0x7c930ef4"指令引用的"0x0004fff9"的内存，该内存不能为"read"】，单击【确定】按钮后，打开的软件自动关闭。

【故障诊断】：这种故障的原因与内存有一定的关系。

【故障处理】：（1）使用杀毒软件检查系统中是否有木马或病毒。这类程序为了控制系统往往任意篡改系统文件，从而导致操作系统异常，查杀病毒后没有发现病毒，故障依然存在。

（2）有些应用程序存在一定的漏洞，也会引起上述故障，更换正版的应用程序，重新安装应用程序后故障依然存在。

（3）如果用户使用的是盗版的操作系统，也会引起上述故障，所以需要重新安装操作系统。重新安装操作系统后，故障排除，说明故障与操作系统有关。

【备用处理方案】：如果故障还不能排除，可以从硬件下手查看故障的原因，具体操作步骤如下。

1 查看内存插

打开机箱，查看内存插在主板上的金手指部分灰尘是否较多，硬件接触不良也会引起上述故障。清理灰尘，清理完成后，重新插上内存。

2 检查内存的质量

使用替换法检查是否是内存本身的质量问题。如果内存有问题，可以更换一条新的内存条。

3 检查内存的兼容性

从内存的兼容性下手，检查是否存在不兼容问题。使用不同品牌、不同容量或者不同工作频率参数的内存，也会引起上述故障，可以更换内存条以解决故障。

10.3 主板常见故障诊断与维修

主板是整个电脑的关键部件，在电脑中起着至关重要的作用它主要负责电脑硬件系统的管理与协调工作。主板的性能直接影响着电脑的性能，如果主板产生故障将会影响到整个PC机系统的工作，通过学习本节，学会对主板常见故障诊断与维修。

10.3.1 使用诊断卡判断主板故障

诊断卡的检测顺序是：复位▶CPU▶内存▶显卡▶其他。正常能用的电脑开机后诊断卡的数码是这样显示的：

1.首先是复位灯亮一下，表示复位正常，如果复位灯长亮的话，就表示有些硬件没有准备好，这就要慢慢排查是哪个地方没有复位了，同时数码卡会显示"FF"。

2.检测到复位正常后，数码会显示"FF"或者"00"，这是正在检测CPU。如果定在"FF"或者是"00"上，表示主板没有认到CPU，通过了CPU的话代码就会直接跳到"C1"，显示内存的检测情况了，如果停在C1不动的话就一般就是表示主板检测不到内存了。

3.显示C1后正常的话代码会不断地变化，这些我们可以不看，只要数码在跳就表示内存检测已通过了。接着我们看到数码会跳到"25"或者"26"。这就表示主板在检测显卡了。

4.已检测到显卡正常后，那么数码会继续跳动，这些代码我们也可以一直不管了，它最后会跳到"FF"。这表示电脑开机检测已全部通过。诊断卡的工作也就到此结束了。

针对正常主机诊断卡的代码顺序后，我们就可以用诊断卡来对不正常的主机来进行检测了。我们看诊断卡停在什么代码上，就可以对号入座，基本判断主机是什么位置有问题了。

常见的代码及故障部位：

一："00""FF""E0""C0""F0""F8"：这些表示主板没有检测到CPU。有可能是CPU坏，也有可能是CPU的工作电路不正常。

二："C1""D1""E1""D7""A1"：这些都表示主板没有检测到内存，有可能是内存坏，也有可能是内存的供电电路坏。

三："25""26"。通常这两个代码是表示没有检测到显卡。

10.3.2 主板温控失常，导致开机无显示

【故障表现】：电脑主板温控失常，导致开机无显示。

【故障诊断】：由于CPU发热量非常大，所以许多主板都提供了严格的温度监控和保护装置。一般CPU温度过高，或主板上的温度监控系统出现故障，主板就会自动进入保护状态，拒绝加电启动或报警提示，导致开机电脑无显示。

【故障处理】：重新连接温度监控线，再重新开机。当主板无法正常启动或报警时，应该先检查主板的温度监控装置是否正常。

10.3.3 接通电源，电脑自动关机

【故障表现】：电脑开机自检完成后，就自动关机了。

【故障诊断】：出现这种故障的原因是开机按钮按下后未弹起、电源损坏导致供电不足或者主板损坏导致供电出问题。

【故障处理】：首先需要检查主板，测试是否是主板故障，检查过后发现不是主板故障。然后检查开机按键是否损坏，拔下主板上开机键连接的线，用螺丝刀短接开机针脚，启动电脑后，几秒后仍是自动关机，看来并非开机键原因。那么最有可能就是电源供电不足，用一个好电源连接电脑主板，再次测试，电脑顺利启动，未发生中途关机现象，确定是电源故障。

将此电脑的电源拆下来，打开盖检查，发现有一个较大点的电容鼓泡了，找一个同型号的新电容换上，将此电源再次连接主板上，开机测试，顺利进入系统。故障彻底排除。

10.3.4 电脑开机时，反复重启

【故障表现】：电脑开机后不断自动重启，无法进入系统，有时开机几次后能进入系统。

【故障诊断】：观察电脑开机后，在检测硬件时会自动重启，分析应该是硬件故障导致的。故障原因主要有以下几点：CPU损坏、内存接触不良、内存损坏、显卡接触不良、显卡损坏、主板供电电路故障。

【故障处理】：对于这个故障应该先检查故障率高的内存，然后再检查显卡和主板。

（1）用替换法检查CPU、内存、显卡，都没有发现问题。

（2）检查主板的供电电路，发现12V电源的电路对地电阻非常大，检查后发现，电源插座的12V针脚虚焊了。

（3）将电源插座针脚加焊，再开机测试，故障解决。

10.3.5 电脑频繁死机

【故障表现】：台式电脑经常出现死机现象，在CMOS中设置参数时也会出现死机，重装系统后故障依然不能排除。

【故障诊断】：出现此类故障一般是由于CPU有问题、主板Cache有问题或主板散热不良引起的。

【故障处理】：以为电脑感染病毒，在查杀后未发现任何病毒。可能是硬盘碎片过多，导致系统不稳定。但整理硬盘碎片，甚至格式化C盘重做系统，但一段时间后又反复死机。然后触摸CPU周围主板元件，发现其非常烫手。在更换大功率风扇之后，死机故障得以解决，如果上述方法还是不能解决问题，可以更换主板或CPU。

10.4 显卡常见故障诊断与维修

本节视频教学时间 / 7分钟

显卡是计算机最重要的配件之一，显卡发生故障可导致电脑开机无显示，用户无法正常使用电脑。本章主要介绍显卡常见故障诊断与维修，通过学习本节内容，读者可以了解电脑显卡的常见故障现象，通过对故障的诊断，解决显卡故障问题。

10.4.1　开机无显示

【故障表现】：启动电脑时，显示器出现黑屏现象，而且机箱喇叭发出一长两短的报警声。

【故障诊断】：此类故障一般是因为显卡与主板接触不良或主板插槽有问题造成。对于一些集成显卡的主板，如果显存共用主内存，则需注意内存条的位置，一般在第一个内存条插槽上应插有内存条。

【故障处理】：（1）首先判断是否由于显卡接触不良引发的故障。关闭电脑电源，打开电脑机箱，将显卡拔出来，用毛笔刷将显卡板卡上的灰尘清理掉。接着用橡皮擦来回擦拭板卡的"金手指"，清理完成后将显卡重新安装好，查看故障是否已经排除。

（2）显卡接触不良的故障，比如一些劣质的机箱背后挡板的空档不能和主板AGP插槽对齐，在强行上紧显示卡螺丝以后，过一段时间可能产生显示卡的PCB变形的故障，这时候需要松开显示卡的螺丝，故障就可以排除。如果使用的主板AGP插槽用料不是很好，AGP槽和显示卡PCB不能紧密接触，用户可以使用宽胶带将显示卡挡板固定，把显示卡的挡板夹在中间。

（3）检查显示卡金手指是否已经被氧化，使用橡皮清除显示卡锈渍后如果仍不能正常工作，可以使用除锈剂清洗金手指，然后在金手指上轻轻敷上一层焊锡，以增加金手指的厚度，但一定注意不要让相邻的金手指之间短路。

（4）检查显卡与主板是否存在兼容问题，此时可以将新的显卡插在主板上，如果故障解除，则说明兼容问题存在。另外，用户也可以将该显卡插在另一块主板上，如果也没有故障，则说明这块显卡与原来的主板确实存在兼容问题。对于这种故障，最好的解决办法就是换一块显卡或者主板。

（5）检查显卡硬件本身的故障，一般是显示芯片或显存烧毁，用户可以将显卡拿到别的机器上试一试，若确认是显卡问题，更换显卡后就可解决故障。

10.4.2　显卡驱动程序自动丢失

【故障表现】：电脑开机后，显卡驱动程序载入，运行一段时间后，驱动程序自动丢失。

【故障诊断】：此类故障一般是由于显卡质量不佳或显卡与主板不兼容，使得显卡温度太高，从而导致系统运行不稳定或出现死机。此外，还有一类特殊情况，以前能载入显卡驱动程序，但在显卡驱动程序载入后，进入Windows时出现死机。

【故障处理】：前一种故障只需要更换显卡就可以排除。后一种故障可更换其他型号的显卡，在载入驱动程序后，插入旧显卡给予解决。如果还不能解决此类故障，则说明是注册表故障，对注册表进行恢复或重新安装操作系统即可解决。

10.4.3　显示颜色不正常

【故障表现】：电脑开机，显示颜色和平常不一样，而且电脑饱和度较差。

【故障诊断】：这类故障一般是显像管尾部的插座受潮或是受灰尘污染，也可能是其显像管老化造成的。

【故障处理】：（1）如果是由于受潮或受灰尘污染的情况，在情况不很严重的前提下，用酒精清洗显象管尾部插座部分即可解决。如果情况严重，更换显像管尾部插座就可以。

（2）如果是显像管老化的情况，只有更换显像管才能彻底解决问题。

10.4.4　更换显卡后经常死机

【故障表现】：电脑更换显卡后经常在使用中突然黑屏，然后自动重新启动。重新启动有时可以顺利完成，但是大多数情况下自检完就会死机。

【故障诊断】：这类故障可能是显卡与主板兼容不好，也可能是BIOS中与显卡有关的选项设置不当导致的。

【故障处理】：在BIOS里的【Fast Write Supported】（快速写入支持）选项中，如果用户的显卡不支持快速写入或不了解是否支持，建议设置为"No Support"以求得最大的兼容。

10.4.5　玩游戏时系统无故重启

【故障表现】：电脑在一般应用时正常，但在运行3D游戏时出现重启现象。

【故障诊断】：一开始以为是电脑中病毒，经查杀病毒后故障依然存在。然后对电脑进行磁盘清理，但是故障还是没有排除，最后重装系统，发现故障依然存在。

最后通过故障表现诊断。在一般应用时电脑正常，而在玩3D游戏时死机，很可能是因为玩游戏时显示芯片过热导致的，检查显卡的散热系统，看有没有问题。另外，显卡的某些配件，如显存出现问题，玩游戏时也可能会出现异常，造成系统死机或重新启动。

【故障处理】：如果是散热问题，可以更换更好的显卡散热器。如果显卡显存出现问题，可以采用替换法检验一下显卡的稳定性，如果确认是显卡的问题，可以维修或更换显卡。

10.5　硬盘常见故障诊断与维修

本节视频教学时间 / 8分钟

硬盘是电脑的主要存储设备，本章主要介绍硬盘常见故障诊断与维修，通过学习本章，读者可以了解电脑硬盘的常见故障现象，通过对故障的诊断，解决硬盘故障问题。

10.5.1　硬盘坏道故障

【故障表现】：电脑在打开、运行或拷贝某个文件时，硬盘操作速度变慢，同时出现硬盘读盘异响，或干脆系统提示"无法读取或写入该文件"现象。每次开机时，磁盘扫描程序自动运行，但不能顺利通过检测，有时启动时硬盘无法引导，用软盘或光盘启动后可看见硬盘盘符，但无法对该区进行操作或干脆就看不见盘符，具体表现如开机自检过程中，屏幕提示"Hard disk drive failure"，读写硬盘时提示"Sector not found"或"General error in reading drive C"等类似错误信息。

【故障诊断】：硬盘在读、写时出现的这种故障，基本上都是硬盘出现坏道的明显表现。硬盘坏道分为逻辑坏道和物理坏道两种，辑坏道又称为软坏道，这类故障可用软件修复，因此称为逻辑坏道。后者为真正的物理性坏道，由于这种坏道是由于硬件因素造成的且不可修复，因此称为物理坏道，只能通过更改硬盘分区或扇区的使用情况来解决。

【故障处理】：对于硬盘的逻辑坏道，推荐使用MHDD配合THDD与HDDREG等硬盘坏道修复软件进行修复，一般均可很好地识别坏道并修复。

对于物理坏道需要低级格式化硬盘，但是这样的处理方式是有后果的，即使能够恢复暂时的正常，硬盘的寿命也会受到影响，因此需要备份数据并且准备更换硬盘。

10.5.2　Windows初始化时死机

【故障表现】：电脑在开机自检时停滞不前且硬盘和光驱的灯一直常亮不闪。

【故障诊断】：出现这种故障的原因是由于系统启动时，从BIOS启动然后再去检测IDE设备，系统一直检查，而设备未准备好或根本就无法使用，这时就会造成死循环，从而导致计算机无法正常启动。

【故障处理】：用户应该检查硬盘数据线和电源线的连接是否正确或是否有松动，让系统找到硬盘，故障就可以排除。

10.5.3　硬盘被挂起

【故障表现】：电脑在没有进行任何操作，闲置3分钟后，听到好像硬盘被挂起的声音，然后打开电脑中的某个文件夹时，能够听到硬盘起转的声音，感觉打开速度明显减慢。

【故障诊断】：这类故障可能是由于在电脑的"电源管理"选项中设置了三分钟后关闭硬盘的功能。

【故障处理】：在电脑中依次打开【开始】➤【设置】➤【控制面板】➤【电源选项】，然后把"关闭硬盘"一项设置为"从不"，然后单击【确定】按钮，就可以更改设置，故障排除。

10.5.4　开机无法识别硬盘

【故障表现】：系统从硬盘无法启动，从软盘或光盘引导启动也无法访问硬盘，使用CMOS中的自动检测功能也无法发现硬盘的存在。

【故障诊断】：这类故障有两种情况，一种是硬故障，另一种是软故障。硬故障包括磁头损坏、盘体损坏、主电路板损坏等故障。磁头损坏的典型现象是开机时无法通过自检，并且硬盘因为无法寻道而发出有规律的"咔嗒、咔嗒"的声音。相反如果没有听到硬盘马达的转动声音，用手贴近硬盘感觉没有明显的震动，倘若排除了电源及连线故障，则可能是硬盘电路板损坏导致的故障；软故障大都是出现在连接线缆或IDE端口上。

【故障处理】：（1）硬故障：如果是硬盘电路板烧毁这种情况一般不会伤及盘体，只要能找到相同型号的电路板更换，或者换新硬盘。

（2）软故障：通过重新插接硬盘线缆或者改换IDE接口及电缆等进行替换试验，就会很快发现故障的所在。如果新接上的硬盘也不被接受，常见的原因就是硬盘上的主从跳线设置问题，如果一条IDE硬盘线上接两个设备，就要分清主从关系。

10.5.5　无法访问分区

【故障表现】：电脑开机自检能够正确识别出硬盘型号，但不能正常引导系统，屏幕上显示"Invalid partition table"，可从软盘启动，但不能正常访问所有分区。

【故障诊断】：造成该故障的原因一般是硬盘主引导记录中的分区表有错误，当指定了多个自举分区或病毒破坏了分区表时将有上述提示。

【故障处理】：处理这类故障，户主一般用可引导的软盘或光盘启动到DOS系统，用FDISK/MBR命令重建主引导记录，然后用Fdisk或者其他软件进行分区格式化。但是对于主引导记录损坏和分区表损坏这类故障，推荐使用Disk Genius软件来修复。启动后可在【工具】菜单下选择【重写主引导记录】项来修复硬盘的主引导记录。选择【恢复分区表】项需要以前做过备份，如果没有备份过，就选择【重建分区表】项来修复硬盘的分区表错误，一般情况下经过以上修复后就可以让一个分区表遭受严重破坏的硬盘得以在Windows下被看到正确分区。

10.5.6 无法调整硬盘分区

【故障表现】：在使用软件调整电脑硬盘分区时，软件提示"磁盘使用不同的驱动几何结构，不能使用该产品。"

【故障诊断】：这类故障可能是硬盘中的分区采用了不同的分区格式引起的。

【故障处理】：首先将硬盘的分区格式转化成统一的分区格式，然后再使用软件调整硬盘分区，调整成功，故障排除。

10.6 显示器常见故障诊断与维修

本节视频教学时间 / 5分钟

显示器是计算机最基本配置之一，显示器发生故障可导致电脑开机不显示画面，用户无法正常使用电脑。本章主要介绍显示器常见故障诊断与维修，通过学习本节内容，读者可以了解电脑显示屏的常见故障现象，通过对故障的诊断，解决显示器故障问题。

10.6.1 显示屏画面模糊

【故障表现】：一台显示器，以前一直很正常，可最近发现刚打开显示器时屏幕上的字符比较模糊，过一段时间后才渐渐清楚。将显示器换到别的主机上，故障依旧。

【故障诊断】：将显示器换到别的主机上，故障依旧。因此可知此类故障是显示器故障。

【故障处理】：显示器工作原理是显像管内的阴极射线管必须由灯丝加热后才可以发出电子束。如果阴极射线管开始老化了，那么灯丝加热过程就会变慢。在打开显示器时，阴极射线管没有达到标准温度，所以无法射出足够电子束，造成显示屏上字符因没有足够电子束轰击荧光屏而变得模糊。因此由于显示器的老化，只需要更换新的显示器就可以解决故障，如果显示器购买时间不长，很可能是显像管质量不佳或以次充好，这时候可以到供货商处进行更换。

10.6.2 显示器屏幕变暗

【故障表现】：电脑屏幕变得暗淡，而且还越来越严重。

【故障诊断】：出现这类故障一般是由于显示器老化、频率不正常、显示器灰尘过多等原因。

【故障处理】：一般新显示器不会发生这样的问题，只有老显示器才有可能出现。这与显卡刷新频率有关，这需要检查几种显示模式。如果全部显示模式都出现同样现象，说明与显卡刷新频率无关。如果在一些显示模式下屏幕并非很暗淡，可能是显示卡的刷新频率不正常，尝试改变刷新频率或升级驱动程序。如果显示器内部灰尘过多或显像管老化也能导致颜色变暗，可以自行清理一下灰尘（不过最好还是到专业修理部门去）。当亮度已经调节到最大而无效时，发暗的图像四个边缘都消失在黑暗之中，这就是显示器电压的问题，只有进行专业修理了。

10.6.3 显示器色斑故障

【故障表现】：打开电脑显示器，显示器屏幕上出现一块块色斑。

【故障诊断】：开始以为是显卡与显示器连接不紧造成。重新拔插后，问题依存。准备替换显示器试故障时，最后发现是由于音箱在显示器的旁边，导致显示器被磁化。

【故障处理】：显示器被磁化产生的主要症状表现为有一些区域出现水波纹路和偏色，通常在白色背景下可以让你很容易发现屏幕局部颜色发生细微的变化，这就可能是被磁化的结果。显示器被磁化产生的原因大部分是由于显示器周围可以产生磁场的设备对显像管产生了磁化作用，如音箱、磁化杯、音响等。当显像管被磁化后，首先要让显示器远离强磁场，然后看一看显示器屏幕菜单中有无消磁功能。以三星753DFX显示器为例，消磁步骤如下：按下"设定/菜单键"，激活OSD主菜单，通过左方向键和右方向键选择到"消磁"图标，再按下"设定/菜单键"，即可发现显示器出现短暂的抖动。大家尽可放心，这属于正常消磁过程。对于不具备消磁功能的老显示器，可利用每次开机自动消磁。因为全部显示器都包含消磁线圈，每次打开显示器，显示器就会自动进行短暂的消磁。如果上面的方法都不能彻底解决问题，需要拿到厂家维修中心那里采用消磁线圈或消磁棒消磁。

10.6.4 显卡问题引起的显示器花屏

【故障表现】：一台电脑在上网时只要用鼠标拖动，上下移动，这时候就会出现严重的花屏现象，如果不上网花屏现象就会消失。

【故障诊断】：造成这类故障的原因有：（1）显卡驱动程序问题。

（2）显卡硬件问题。

（3）显卡散热问题。

【故障处理】：（1）首先下载最新的显卡驱动程序，然后将以前的显卡驱动程序删除并安装新下载的驱动程序，安装完成后，开机进行检测，发现故障依然存在。

（2）接下来使用替换法检测显卡，替换显卡后，故障消失，因此是由于显卡问题引起的故障，只需要更换显卡就可以。

10.7 键盘与鼠标常见故障诊断与维修

本节视频教学时间 / 4分钟

鼠标与键盘是电脑的外接设备，是使用频率最高的设备。本节主要介绍键盘与鼠标常见故障诊断与维修，通过学习本章，读者可以了解电脑键盘与鼠标的常见故障现象，通过对故障的诊断，解决键盘与鼠标故障问题。

10.7.1 某些按键无法键入

【故障表现】：一个键盘已使用了一年多，最近在按某些按键时不能正常键入，而其余按键正常。

【故障诊断】：这是典型的由于键盘太脏而导致的按键失灵故障，通常只需清洁一下键盘内部即可。

【故障处理】：关机并拔掉电源后拔下键盘接口，将键盘翻转，用螺丝刀旋开螺丝，打开底盘，用棉球沾无水酒精将按键与键帽相接的部分擦洗干净即可。

10.7.2　键盘无法接进接口

【故障表现】：刚组装的电脑，键盘很难插进主板上的键盘接口。

【故障诊断】：这类故障一般是由于主板上键盘接口与机箱接口留的孔有问题。

【故障处理】：注意检查主板上键盘接口与机箱接口留的孔，看主板是偏高还是偏低，个别主板有偏左或偏右的情况，如有以上情况，要更换机箱，或者更换另外长度的主板铜钉或塑料钉。塑料钉更好，因为可以直接打开机箱，用手按住主板键盘接口部分，插入键盘，解决主板有偏差的问题。

10.7.3　按键显示不稳定

【故障表现】：最近使用键盘录入文字时，有时候某一排键都没有反应。

【故障诊断】：该故障很可能是因为键盘内的线路有断路现象。

【故障处理】：拆开键盘，找到断路点并焊接好即可。

10.7.4　键盘按键不灵

【故障表现】：一个键盘，开机自检能通过，但敲击A、S、D、F和V、I、O、P这两组键时打不出字符来。

【故障诊断】：这类故障是由于电路金属膜问题，导致短路现象，键盘按键无法打字。

【故障处理】：拆开键盘，首先检查按键是否能够将触点压在一起，一切正常。仔细检查发现连接电路中有一段电路金属膜掉了一部分，用万用表一量，电阻非常大。可能是因为电阻大了，电信号不能传递，而且那两组字母键共用一根线，所以导致成组的按键打不出字符来。要将塑料电路连接起来是件很麻烦的事。因为不能用电烙铁焊接，一焊接，塑料就会化掉。于是先将导线两端的铜线拔出，在电阻很小的可用电路两边扎两个洞（避开坏的那一段），将导线拔出的铜线从洞中穿过去，就像绑住电路一样，另一头也用相同的方法穿过。用万用表测量，能导电。然后用外壳将其压牢，垫些纸以防松动。重新使用，故障排除。

10.8　打印机常见故障诊断与维修

本节视频教学时间 / 5分钟

打印机是计算机的输出设备之一，用于将计算机处理结果打印在相关介质上。本章主要介绍打印机常见故障诊断与维修，通过学习本节内容，读者可以了解打印机的常见故障现象，通过对故障的诊断，解决故障问题。

10.8.1　装纸提示警报

【故障表现】：打印机装纸后出现缺纸报警声，装一张纸胶辊不拉纸，需要装两张以上的纸胶辊才可以拉纸。

【故障诊断】：一般针式或喷墨式打印机的字辊下都装有一个光电传感器，来检测是否缺纸。在正常的情况下，装纸后光电传感器感触到纸张的存在，产生一个电信号返回，控制面板上就给出一个有纸的信号。如果光电传感器长时间没有清洁，光电传感器表面就会附有纸屑、灰尘等，使传感器表面脏污，不能正确地感光，就会出现误报。因此此类故障是光电传感器表面脏污所致。

【故障处理】：查找到打印机光电传感器，使用酒精棉轻拭光头，擦掉脏污，清除周围灰尘。通电开机测试，问题解决。

10.8.2 打印字迹故障

【故障表现】：使用打印机打印时字迹一边清晰，而另一边不清晰。

【故障诊断】：此类故障主要是打印头导轨与打印辊不平行，导致两者距离有远有近所致。

【故障处理】：调节打印头导轨与打印辊的间距，使其平行。分别拧松打印头导轨两边的螺母，在左右两边螺母下有一调节片，移动两边的调节片，逆时针转动调节片使间隙减小，顺时针可使间隙增大，最后把打印头导轨与打印辊调节平行就可解决问题。要注意调节时找准方向，可以逐渐调节，多试打几次。

10.8.3 通电打印机无反应

【故障表现】：打印机开机后没有任何反应，根本就不通电。

【故障诊断】：打印机都有过电保护装置，当电流过大时就会引起过电保护，此现象出现基本是因为打印机保险管烧坏。

【故障处理】：打开机壳，在打印机内部电源部分找到保险管（内部电源部分在打印机的外接电源附近可以找到），看其是否发黑，或用万用表测量一下是否烧坏，如果烧坏，换一个与其基本适合的保险管就可以了（保险管上都标有额定电流）。

10.8.4 打印纸出黑线

【故障表现】：打印时纸上出现一条条粗细不匀的黑线，严重时整张纸都是如此效果。

【故障诊断】：此种现象一般出现在针式打印机上，原因是打印头过脏或是打印头与打印辊的间距过小或打印纸张过厚。

【故障处理】：卸下打印头，清洗一下打印头，或是调节一下打印头与打印辊间的间距，故障就可以排除。

10.8.5 无法打印纸张

【故障表现】：在使用打印机打印时感觉打印头受阻力，打印一会就停下发出长鸣或在原处震动。

【故障诊断】：这类故障一般是由于打印头导轨长时间滑动会变得干涩，打印头移动时就会受阻，到一定程度就可以使打印停止，严重时可以烧坏驱动电路。

【故障处理】：这类故障的处理方法是在打印导轨上涂几滴仪表油，来回移动打印头，使其均匀。重新开机，如果还有此现象，那有可能是驱动电路烧坏，这时候就需要进行维修了。

10.9 U盘常见故障诊断与维修

本节视频教学时间 / 5分钟

　　U盘是一种可移动存储设备，本节主要介绍U盘常见故障诊断与维修，通过学习本章，读者可以了解U盘的常见故障现象，通过对故障的诊断，解决U盘故障问题。

10.9.1　电脑无法检测U盘

【故障表现】：将一个U盘插入电脑后，电脑无法被检测到。

【故障诊断】：这类故障一般是由于U盘数据线损坏或接触不良、U盘的USB接口接触不良、U盘主控芯片引脚虚焊或损坏等原因引起。

【故障处理】：（1）先检查U盘是不是正确地插入电脑USB接口，如果使用USB延长线，最好去掉延长线，直接插入USB接口。

（2）如果U盘插入正常，将其他的USB设备接到电脑中测试，或者将U盘插入另一个USB接口中测试。

（3）如果电脑的USB接口正常，就查看电脑BIOS中的USB选项设置是否为"Enable"。如果不是，将其设置为"Enable"。

（4）如果BIOS设置正常，然后拆开U盘，查看USB接口插座是否虚焊或损坏。如果是，要重焊或者更换USB接口插座；如果不是，接着测量U盘的供电电压是否正常。

如果供电电压正常，检查U盘时钟电路中的晶振等元器件。如果损坏，更换元器件；如果正常，接着检测U盘的主控芯片的供电系统，并加焊；如果不行，更换主控芯片。

10.9.2　U盘插入提示错误

【故障表现】：U盘插入电脑后，提示"无法识别的设备"。

【故障诊断】：这种故障一般是由电脑感染病毒、电脑系统损坏、U盘接口有问题等原因造成的。

【故障处理】：（1）首先用杀毒软件杀毒后，插入U盘测试。如果故障没解除，将U盘插入另一台电脑检测，发现依然无法识别U盘，应该是U盘的问题引起的。

（2）然后拆开U盘外壳，检查U盘接口电路，如果发现有损坏的电阻，及时更换电阻。

如果没有损坏，检查主控芯片是否有故障。如果有损坏及时更换。

10.9.3　U盘容量变小故障

【故障表现】：将8GB的U盘插入电脑后，发现电脑中检测到的"可移动磁盘"的容量只有2MB。

【故障诊断】：产生这类故障的原因有以下三点。

（1）U盘固件损坏问题。

（2）U盘主控芯片损坏问题。

（3）电脑感染病毒问题。

【故障处理】：（1）首先是要因杀毒软件，对U盘进行病毒查杀，查杀之后，重新将U盘插入电脑测试，如果故障依旧，接着准备刷新U盘的固件。

（2）先准备好U盘固件刷新的工具软件，然后重新刷新U盘的固件。

（3）刷新后，将U盘接入电脑进行测试，发现U盘的容量恢复正常，U盘使用正常，故障排除。

10.9.4　U盘无法保存文件

【故障表现】：将文件保存U盘中，但是尝试几次都无法保存。

【故障诊断】：这类故障是由闪存芯片、主控芯片以及其固件引起的。

【故障处理】：（1）首先使用U盘的格式化工具将U盘格式化，然后测试故障是否消失。如果故障依然存在，就拆开U盘外壳，检查闪存芯片与主控芯片间的线路中是否有损坏的元器件或断线故障。如果有损坏的元器件，更换损坏的元器件就可以。

（2）如果没有损坏的元器件，接着检测U盘闪存芯片的供电电压是否正常，如果不正常，检测供电电路故障。如果正常，重新加焊闪存芯片，然后看故障是否消失。

（3）如果故障依旧，更换闪存芯片，然后再进行测试，如果更换闪存芯片后，故障还是存在，则是主控芯片损坏，更换主控芯片就可以。

技巧51：Windows 经常自动进入安全模式

【故障表现】：在电脑启动的过程中，Windows 经常自动进入安全模式，这是什么原因造成的？

【故障诊断】：此类故障一般是由于主板与内存条不兼容或内存条质量不佳引起的，常见于高频率的内存用于某些不支持此频率内存条的主板上。

【故障处理】：启动电脑，按【Del】键进入BIOS，可以尝试在BIOS设置内降低内存读取速度，看能否解决问题，如果故障一直存在，那就只有更换内存条了。另外高频率的内存用于某些不支持此频率内存条的主板上，有时也会出现加大内存系统，资源反而降低的情况。

技巧52：硬盘故障代码含义

在出现硬盘故障时，往往会弹出相关代码，常见的代码含义如下表所示。

代码	代码含义
1700	硬盘系统通过（正常）
1701	不可识别的硬盘系统
1702	硬盘操作超时
1703	硬盘驱动器选择失败
1704	硬盘控制器失败
1705	要找的记录未找到
1706	写操作失败
1707	道信号错误
1708	磁头选择信号有错
1709	ECC检验错误
1710	读数据时扇区缓冲器溢出
1711	坏的地址标志
1712	不可识别的错误
1713	数据比较错误
1780	硬盘驱动器C故障
1781	D盘故障
1782	硬盘控制器错误
1790	C盘测试错误
1791	D盘测试错误

第 11 章

实战秘技

通过前面章节的学习，可以熟练掌握电脑的安装与硬件维护，本章主要讲述几个实战技巧，包括数据的备份与还原、恢复误删的数据、使用U盘安装系统等。

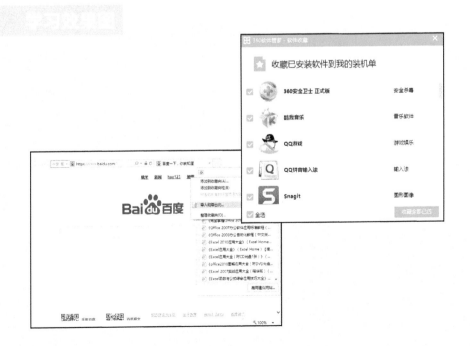

11.1 数据的备份与还原

本节视频教学时间 / 8分钟

为了确保数据的安全，用户可以对重要的数据进行备份，必要的时候可进行数据还原，本节主要介绍备份与还原分区表、IE收藏夹及软件的方法。

11.1.1 备份与还原分区表

所谓分区表，主要用来记录硬盘文件的地址。硬盘按照扇区储存文件，当系统提出要求需要访问某一个文件的时候，首先访问分区表，如果分区表中有这个文件的名称，就可以直接访问它的的地址；如果分区表里面没有这个文件，那就无法访问。系统删除文件的时候，并不是删除文件本身，而是在分区表里面删除，所以删除以后的文件还是可以恢复的。因为分区表的特性，系统可以很方便地知道硬盘的使用情况，而不必为了一个文件搜索整个硬盘，大大提高了系统的运行能力。

分区表一般位于硬盘某柱面的0磁头1扇区，而第1个分区表（即主分区表）总是位于0柱面、0磁头、1扇区，其他剩余的分区表位置可以由主分区表依次推导出来。分区表有64个字节，占据其所在扇区的447字节~510字节。要判定是不是分区表，就看其后紧邻的两个字节（即511~512）是不是"55AA"，若是，则为分区表。右图为打开DiskGenius V4.9.1.334软件后系统分区表的情况。

1.备份分区表

如果分区表损坏，会造成系统启动失败、数据丢失等严重后果。这里以使用DiskGenius V4.9.1.334软件为例，来讲述如何备份分区表。具体操作步骤如下。

1 打开软件

打开软件DiskGenius，选择需要保存备份分区表的磁盘。

2 选择备份分区表

选择【硬盘】➤【备份分区表】菜单项，用户也可以按【F9】键备份分区表。

3 输入名称

弹出【设置分区表备份文件名及路径】对话框，在【文件名】文本框中输入备份分区表的名称。

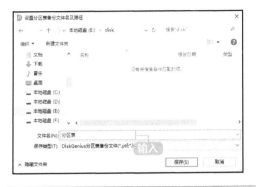

4 备份完成

单击【保存】按钮，即可开始备份分区表。备份完成后，弹出【DiskGenius】提示框，提示用户当前硬盘的分区表已经备份到指定的文件中。

> **提示** 为了分区表备份文件的安全，建议将其保存在当前硬盘以外的硬盘或其他存储介质（如U盘、移动硬盘、光碟）中。

2.还原分区表

当计算机遭到病毒破坏、加密引导区或误分区等导致硬盘分区丢失时，就需要还原分区表。还原分区表具体操作步骤如下。

1 打开还原分区表

打开软件DiskGenius，在其主界面中选择【硬盘】▶【还原分区表】菜单项或按【F10】键。

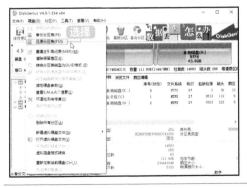

2 选择备份文件

随即打开【选择分区表备份文件】对话框，在其中选择硬盘分区表的备份文件。

3 打开信息提示框

单击【打开】按钮，即可打开【DiskGenius】信息提示框，提示用户是否从这个分区表备份文件还原分区表。

4 还原保存

单击【是】按钮，即可还原分区表，且还原后将立即保存到磁盘并生效。

11.1.2 备份与还原IE收藏夹

IE收藏夹中存放着用户习惯浏览的一些网站链接，但是重装系统后，这些网站链接将被彻底删除。不过，IE浏览器自带有备份功能，可以将IE收藏夹中的数据备份。

1.备份IE收藏夹

备份IE收藏夹，具体的操作步骤如下。

1 启动IE浏览器

启动IE浏览器，单击【收藏夹】按钮☆，弹出收藏夹窗格，单击【添加到收藏夹】右侧的下拉按钮，在弹出的快捷菜单中，单击【导入和导出】命令。

2 打开对话框

随即打开【你希望如何导入或导出你的浏览器设置？】对话框，在其中选择【导出到文件】单选项。

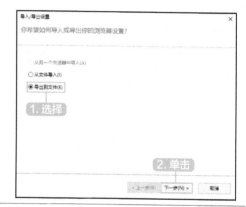

3 打开对话框

单击【下一步】按钮，随即打开【你希望导出哪些内容】对话框，在其中选择【收藏夹】单选项。

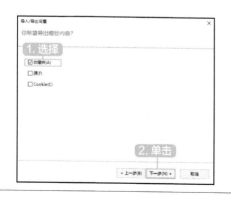

4 采用默认设置

单击【下一步】按钮，打开【选择你希望从哪个文件夹导出收藏夹】对话框，在其中可以选择【收藏夹栏】选项，或采用默认设置。这里采用默认设置。

5 单击【下一步】按钮

单击【下一步】按钮，打开【你希望将收藏夹导出至何处？】对话框。

6 设置保存位置

单击【浏览】按钮，打开【请选择书签文件】对话框，在其中设置收藏夹文件导出后保存的位置。

7 保存文件

设置完毕后，单击【保存】按钮，返回【您希望将收藏夹导出至何处？】对话框，即可在【键入文件路径或浏览到文件】文本框中显示设置的保存位置。

8 导出文件

单击【完成】按钮，关闭【导入/导出设置】对话框，完成导出收藏夹文件的操作。

2. 还原IE收藏夹

还原IE收藏夹的具体操作步骤如下。

1 打开对话框

使用上述方法，打开【你希望如何导入或导出你的浏览器设置？】对话框，在其中选择【从文件导入】单选项。

2 单击【下一步】按钮

单击【下一步】按钮，打开【你希望导入哪些内容】对话框，在其中选择【收藏夹】单选项。

3 找到备份文件存储位置

单击【下一步】按钮，打开【你希望从何处导入收藏夹？】对话框，在【键入文件路径或浏览到文件】文本框中输入收藏夹备份文件保存的位置，或单击【浏览】按钮，打开【请选择书签文件】对话框，在其中找到收藏夹备份文件存储的位置。

4 导入目标文件夹

单击【下一步】按钮，打开【选择导入收藏夹的目标文件夹】对话框，在下方的列表框中选择导入收藏夹的目标文件夹。

5 还原IE收藏夹

单击【导入】按钮，即可开始导入收藏夹。导入成功后将打开【你已成功导入了这些设置】对话框，在其中提示为【收藏夹】。至此，就完成了还原IE收藏夹的操作。

11.1.3 备份与还原已安装软件

用户可以将当前电脑中的软件备份，本节使用360安全卫士将当前已安装软件收藏，在重装系统时，可以通过360安全卫士重新安装这些软件。

具体操作步骤如下。

1 启动360安全卫士

启动360安全卫士，单击【软件管家】图标，并进入其界面，单击【登录】链接。

2 登录360账号

登录360账号，并单击【一键收藏已安装软件】按钮。

3 选择收藏

弹出【360软件管家-软件收藏】对话框，用户可勾选【全选】复选框或着勾选需要收藏的复选框，然后单击【收藏全部已选】按钮。

4 查看收藏软件

返回【360软件管家】界面，可以看到收藏的软件。

5 安装收藏的软件

如果要安装收藏的软件，单击左上角的账号链接，进入账号页面，单击【我的收藏】按钮。

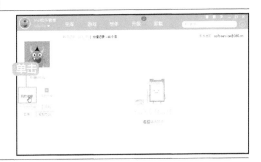

6 勾选安装

即可看到收藏的软件清单，勾选要安装的
软件，单击【安装全部已选】按钮，即可安装
所选软件。

11.2 恢复误删的数据

本节视频教学时间 / 14分钟

用户在对自己的计算机操作时，有时会不小心删除本不想删除的数据，但是回收站被清空，那么怎么办呢？这时就需要恢复这些数据。本节主要介绍如何恢复这些误删的数据。

11.2.1 恢复删除的数据应注意的事项

在恢复删除的数据之前，用户需要注意以下事项。

1. 数据丢失的原因

硬件故障、软件破坏、病毒的入侵、用户自身的错误操作等都有可能导致数据丢失，但大多数情况下，这些找不到的数据并没有真正丢失，这就需要根据数据丢失的具体原因而定。造成数据丢失的主要原因有如下几个方面。

（1）用户的误操作。由于用户错误操作而导致数据丢失的情况，在数据丢失的主要原因中所占比例也很大。用户极小的疏忽都可能造成数据丢失，例如用户的错误删除或不小心切断电源等。

（2）黑客入侵与病毒感染。黑客入侵和病毒感染已越来越受关注，由此造成的数据破坏更不可低估。而且有些恶意程序具有格式化硬盘的功能，这对硬盘数据可以造成毁灭性的损失。

（3）软件系统运行错误。由于软件不断更新，各种程序和运行错误也就随之增加，如程序被迫意外中止或突然死机，都会使用户当前所运行的数据因不能及时保存而丢失。如在运行Microsoft Office Word编辑文档时，常常会发生应用程序出现错误而不得不中止的情况，此时，当前文档中的内容就不能完整保存甚至全部丢失。

（4）硬盘损坏。硬件损坏主要表现为磁盘划伤、磁组损坏、芯片及其他原器件烧坏、突然断电等，这些损坏造成的数据丢失都是物理性质，一般通过Windows自身无法恢复数据。

（5）自然损坏。风、雷电、洪水及意外事故（如电磁干扰、地板振动等）也有可能导致数据丢失，但这一原因出现的可能性比上述几种原因要低很多。

2. 发现数据丢失后的操作

当发现计算机中的硬盘丢失数据后，应当注意以下事项。

（1）当发现自己硬盘中的数据丢失后，应立刻停止一些不必要的操作，如误删除、误格式化

之后，最好不要再往磁盘中写数据。

（2）如果发现丢失的是C盘数据，应立即关机，以避免数据被操作系统运行时产生的虚拟内存和临时文件破坏。

（3）如果是服务器硬盘阵列出现故障，最好不要进行初始化和重建磁盘阵列，以免增加恢复难度。

（4）如果磁盘出现坏道读不出来时，最好不要反复读盘。

（5）如果磁盘阵列等硬件出现故障，最好请专业的维修人员来对数据进行恢复。

11.2.2 从回收站还原

当用户不小心将某一文件删除时，很可能只是将其删除到【回收站】中。若还没有清除【回收站】中的文件，可以将其从【回收站】中还原出来。这里以还原本地磁盘E中的【图片】文件夹为例来介绍如何从【回收站】中还原删除的文件，具体的操作步骤如下。

1 选择还原文件

双击桌面上的【回收站】图标，打开【回收站】窗口，在其中可以看到误删除的文件，选择该文件，单击【管理】选项卡下【还原】组中的【还原选定的项目】选项。

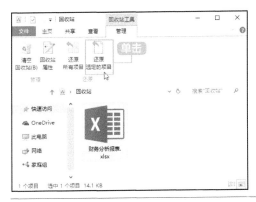

2 看到还原的文件

即可将【回收站】中的文件还原到原来的位置。打开本地磁盘，即可在所在的位置看到还原的文件。

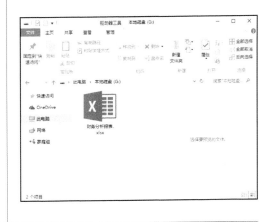

11.2.3 清空回收站后的恢复

当把回收站中的文件清除后，用户可以使用注册表来恢复清空回收站之后的文件。具体的操作步骤如下。

1 打开【运行】对话框

按【Windows+R】组合键，打开【运行】对话框，在【打开】文本框中输入注册表命令"regedit"，单击【确定】按钮。

2 打开【注册表编辑器】窗口

即可打开【注册表编辑器】窗口，在窗口的左侧展开【HKEY_LOCAL_MACHINE\SOFTWARE\Microsoft\Windows\CurrentVersion\Explorer\Desktop\NameSpace】树形结构。

3 选择【项】菜单项

在窗口的右侧空白处单击鼠标右键，在弹出的快捷菜单中选择【新建】➤【项】菜单项。

4 命名项

即可新建一个项，并将其命名为"645FF040-5081-101B-9F08-00AA002F954E"。

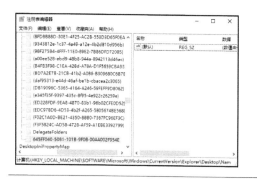

5 设置数值

在窗口的右侧选中系统默认项并单击鼠标右键，在弹出的快捷菜单中选择【修改】菜单项，打开【编辑字符串】对话框，将数值数据设置为【回收站】，单击【确定】按钮。

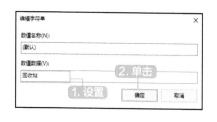

6 重启计算机

退出注册表，重启计算机，即可将清空的文件恢复出来，之后将其正常还原即可。

11.2.4　使用"文件恢复"工具恢复误删除的文件

　　360文件恢复是一款简单易用、功能强大的数据恢复软件，用于恢复由于病毒攻击，人为错误，软件或硬件故障丢失的文件和文件夹。支持从回收站、U盘、相机恢复被删除的文件，以及任何其他数据存储的文件。与EasyRecovery相比，使用更简单，具体操作步骤如下。

1 启动360安全卫士

　　启动360安全卫士，单击【功能大全】图标，并单击【系统工具】区域中的【文件恢复】工具图标。

2 选择驱动器

　　弹出【360文件恢复】对话框，选择要恢复的驱动器，并单击【开始扫描】按钮。

3 弹出扫描进度对话框

　　此时，弹出扫描进度对话框，如下图所示。

4 查看恢复文件

　　扫描完成后，会显示丢失的文件情况，分为高、较高、差、较差四种，高和较高一般都能较容易恢复丢失的文件，后两个一般无法恢复，或者恢复后也是不完整或有缺失。如果可恢复性是空白，表示此文件完全无法恢复。

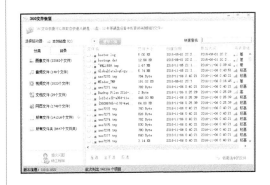

5 选择恢复分类及文件

　　选择要恢复的分类及文件，并单击【恢复选中的文件】按钮。

6 选择保存路径

弹出【浏览文件夹】对话框，选择要保存的路径，并单击【确定】按钮。

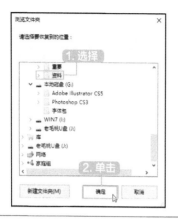

7 恢复完成

恢复完成后，即可显示恢复的文件或文件夹，如下图所示。

11.3 使用U盘安装系统

本节视频教学时间 / 3分钟

当用户的系统已经完全崩溃并且无法启动了，用户可以使用U盘启动盘或DVD安装盘等介质，来安装操作系统。本章主要介绍如何制作U盘启动盘以及如何使用U盘安装系统等内容。

11.3.1 使用UltraISO制作启动U盘

UltraISO（软碟通）是一款功能强大而又方便实用的光盘映像文件制作/编辑/格式转换工具，它可以直接编辑光盘映像和从映像中直接提取文件，也可以从CD-ROM制作光盘映像或者将硬盘上的文件制作成ISO文件。同时，也可以处理ISO文件的启动信息，从而制作可引导光盘。

不过，在制作U盘启动盘前，需要做好以下准备工作。

（1）准备U盘。如果制作Windows XP启动盘，建议准备一个容量为2G或4G的U盘；如果制作Windows 7/8.1/10系统启动盘，建议准备一个容量为8G的U盘，具体根据系统映像文件的大小而定。

（2）准备系统映像文件。制作系统启动盘，需要提前准备系统映像文件，一般为IOS为后缀的映像文件，如下图所示。

名称	修改日期	类型	大小
cn_windows_8.1_with_update_x64_dvd_6051473.iso	2015/3/29 14:47	WinRAR 压缩文件	4,398,902...
cn_windows_8_enterprise_x86_dvd_917682.iso	2012/10/12 8:57	WinRAR 压缩文件	2,536,624...
Windows XP_Sp3_2012.iso	2012/1/26 20:41	WinRAR 压缩文件	763,474 KB

（3）备份U盘资料。请先将U盘里的重要资料复制到计算机上进行备份操作。因为，用UltraISO制作U盘启动盘会将U盘里的原数据删除，不过，在制作成功之后，用户就可以将制作成为启动盘的U盘像平常一样来使用。使用UltraISO制作U盘启动盘的具体操作步骤如下。

1 压缩UltraISO软件

下载并解压缩UltraISO软件后，在安装程序文件夹中双击程序图标，启动该程序，然后在工具栏中单击【文件】▶【打开】菜单命令。

2 选择ISO映像文件

选择要使用的ISO映像文件，此时会弹出【打开ISO文件】对话框，选择要使用的ISO映像文件，单击【打开】按钮。

3 插入U盘

将U盘插入电脑USB接口中，单击【启动】▶【写入硬盘映像】菜单命令。

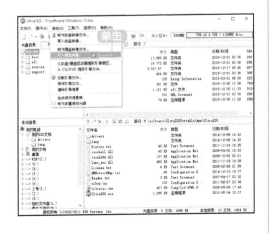

4 保持写入方式

弹出【写入硬盘映像】对话框，在【硬盘驱动器】下拉列表中选择要使用的U盘，保持默认的写入方式，单击【写入】按钮。

5 确认U盘备份

此时弹出【提示】对话框，如果已确认U盘中数据已备份，单击【是】按钮。

6 数据写入

此时，UltraISO进入数据写入中，如下图所示。

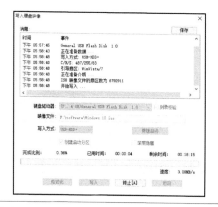

7 启动U盘制作

待消息文本框显示"刻录成功！"后，单击对话框右上角【关闭】按钮即可完成启动U盘制作。

8 查看写入内容

打开【此电脑】窗口，即可看到U盘的图标发生变化，已安装了系统，此时该U盘即可作为启动盘安装系统，也可以在当前系统下安装U盘写入的系统。双击即可查看写入的内容。

 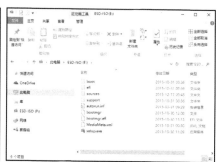

11.3.2 使用U盘安装系统

使用U盘安装系统主要难点是制作系统启动盘和设置U盘为第一启动，其后序的操作基本是系统自动完成安装，本节简单介绍下其安装方法。

1 打开电脑

　　将U盘插入电脑USB接口，并设置U盘为第一启动后，打开电脑电源键，屏幕中出现"Start booting from USB device…"提示。

2 加载系统

　　此时，即可看到电脑开始加载USB设备中的系统。

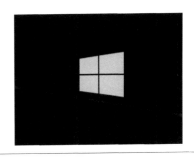

3 方法说明

　　接下来的安装步骤和光盘安装的方法一致，可以参照5.2节～5.4节不同系统的安装方法，在此不再一一赘述。

 高手私房菜

技巧：为U盘进行加密

　　在Windows操作系统之中，用户可以利用BitLocker功能为U盘进行加密，用于解决用户数据的失窃、泄漏等安全性问题。

　　使用BitLocker为U盘进行加密，具体操作步骤如下。

1 打开【控制面板】窗口

　　右键单击【开始】按钮，在弹出的菜单中选择【控制面板】菜单项，打开【控制面板】窗口，单击【BitLocker 驱动器加密】链接。

2 驱动器加密

　　打开【BitLocker 驱动器加密】窗口，在窗口中显示了可以加密的驱动器盘符和加密状态，用户可以单击各个盘符后面的【启用BitLocker】链接，对各个驱动器进行加密。

3 单击【启用BitLocker】链接

单击U盘后面的【启用BitLocker】链接，打开【正在启动BitLocker】对话框。

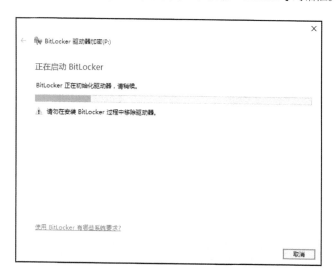

4 打开对话框

启动BitLocker完成后，打开【选择希望解锁此驱动器的方式】对话框，在其中勾选【使用密码解锁驱动器】复选框。

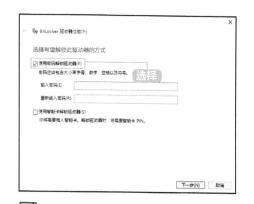

5 输入密码

在【输入密码】和【再次输入密码】文本框中输入密码。

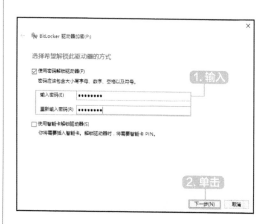

> **提示** 用户还可以选择【使用智能卡解锁驱动器】复选框，或者是两者都选择。这里推荐选择【使用密码解锁驱动器】复选框。

6 选择【保存到文件】选项

单击【下一步】按钮，打开【你希望如何备份恢复密钥】对话框，用户可以选择【保存到Microsoft账户】、【保存到文件】或【打印恢复密钥】选项。这3个选项也可以同时都使用，这里选择【保存到文件】选项。

7 选择保存位置

随即打开【将BitLocker恢复密钥另存为】对话框，在该对话框中选择将恢复密钥保存的位置，在【文件名】文本框中更改文件的名称。

8 保存提示信息

单击【保存】按钮，即可将恢复密钥保存起来，同时关闭对话框，并返回【您希望如何备份恢复密钥？】对话框，在对话框的下侧显示已保存恢复密钥的提示信息，单击【下一步】按钮。

9 选择单选项

打开【选择要加密的驱动器空间大小】对话框，用户可以选择【仅加密已用磁盘空间】或【加密整个驱动器】单选项，选择后，单击【下一步】按钮。

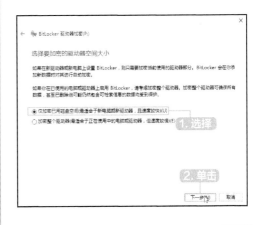

10 单击加密

弹出【是否准备加密该驱动器】对话框，单击【开始加密】按钮。

11 加密启动

开始对可移动驱动器进行加密，加密的时间与驱动器的容量有关，但是加密过程不能中止。加密启动完成后，打开【BitLocker启动器加密】对话框，在其中显示了加密的进度。

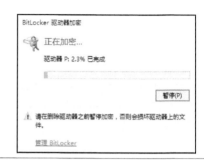

12 暂停加密

如果希望加密过程暂停，则单击【暂停】按钮，即可暂停驱动器的加密。

13 完成加密

单击【继续】按钮，可继续对驱动器进行加密，但是在完成加密过程之前，不能取下U盘，否则驱动器内的文件将被损坏。加密完成后，将弹出信息提示框，提示用户已经加密完成。单击【关闭】按钮，即可完成U盘的加密。